农业环境科学与技术实验教程

NONGYE HUANJING KEXUE
YU JISHU SHIYAN JIAOCHENG

种云霄　主　编

龙新宪　余光伟　副主编

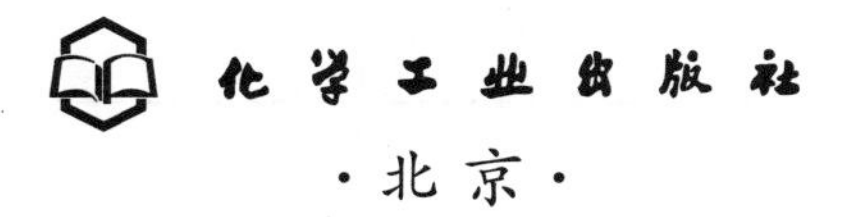

化学工业出版社

·北京·

本书分三篇十一章，主要介绍了土壤污染防治、农作物安全等方面的基本技能实验，以及融合多个基本技能的综合实验，如土壤样品采集、性质及污染物测定等；并结合一些最新农业环境科学研究进展所开设的设计性实验项目，如利用硝化抑制剂防治农业面源、重金属污染土壤的治理等。

本书可供高等学校环境科学与工程、土壤工程、生物工程及相关专业师生参考，也可供从事农业环境污染物分析及控制等领域的工程技术人员、科研人员和管理人员参阅。

图书在版编目（CIP）数据

农业环境科学与技术实验教程/种云霄主编．—北京：化学工业出版社，2016．4

ISBN 978-7-122-26129-8

Ⅰ．①农…　Ⅱ．①种…　Ⅲ．①农业环境-环境科学-科学实验-教材　Ⅳ．①X322-33

中国版本图书馆 CIP 数据核字（2016）第 013140 号

责任编辑：刘兴春　刘　婧　　装帧设计：孙远博

责任校对：王素芹

出版发行：化学工业出版社（北京市东城区青年湖南街 13 号　邮政编码 100011）

印　　刷：北京永鑫印刷有限责任公司

装　　订：三河市宇新装订厂

710mm×1000mm　1/16　印张 13½　字数 248 千字　2016 年 5 月北京第 1 版第 1 次印刷

购书咨询：010-64518888（传真：010-64519686）　售后服务：010-64518899

网　　址：http：//www.cip.com.cn

凡购买本书，如有缺损质量问题，本社销售中心负责调换。

定　　价：48.00 元

前言

我国以往的环境专业人才培养过程中，更多侧重工业和城市环境污染防治技能的掌握，而农业环境污染防治专业技能的培养，一直是薄弱环节，同时也缺少系统全面的教材。但目前，随着农业环境问题日益突出，具备相关技能的环境专业人才已经成为社会的急需。基于此，本教材系统和全面地介绍了农业环境科学与技术技能培训相关的实验项目，为从实践环节培养学生的农业环境污染防治技能提供支撑。

在本教材中，根据农业环境污染防治技术所涉及的3个层次实验技能，将所有实验项目相应地分为三篇。第一篇是基本技能实验，主要是开展农业环境污染防治技术应用及研究所需的基本技能，包括农田土壤、灌溉水、农作物3类农业生产重要因素环境污染相关的特性分析，各单项实验内容主体是污染物的分析，主要参考相应的国家标准、规范或经典的土壤化学、微生物分析方法与步骤，从中选取高校教学实验室能够开展而且操作相对比较安全的实验方法，侧重学生基本实验技能的培养；第二篇是综合技能实验，主要是针对农业环境污染某方面具体问题的解决或研究所需的综合技能，各实验内容介绍的是目前农业环境污染防治领域已经相对成熟的技术方法，主要参考近年来农业环境污染防治方面相关研究成果，侧重培养学生对当前农业环境污染防治主要技术的掌握；第三篇是研究创新性实验，主要是选取目前农业环境污染防治领域正在开展的技术研究热点，各实验项目的目的是展示如何对农业环境污染防治中面临的问题开展研究，即如何设计实验、分析、阐述实验结果，重在培养学生创新、分析能力。

本书具有较强的系统性和针对性，可供高等学校环境科学、环境工程、资源环境科学及相关专业师生参考，也可供从事污染土壤修复、土壤环境质量调查、农业面源防治等农业环境污染防治行业技术人员参阅。

本书主要由华南农业大学资源环境学院环境科学与工程系多位师生共同编写完成，其中，种云霄任主编，龙新宪、余光伟任副主编，卫泽斌、许超、蔡全英3位老师提供了部分实验项目的资料，硕士研究生李弘、李颖芬等参与了资料整理和内容编写工作，在此一并感谢。

限于编者水平和时间，书中不足和疏漏之处在所难免，敬请读者提出修改建议。

编者

2015 年 12 月

目录

第一篇　基本技能实验

第一章　环境土壤样品分析

第一节　污染土壤样品采集、处理及制备

土壤是由岩石风化而成的矿物质、土壤生物及生物残体腐解产生的有机质等固相物质形成的土壤颗粒和颗粒间隙中的水分、空气等组成，是一个气、固、液三相共存的非均质环境系统，形成受母质、气候、生物、地形和时间等多种因素的影响，具有多样性和复杂性。土壤的复杂性使得各种化学物质或污染物在其中的分布具有很强的不均一性，因为即使很小范围的土壤区域，由于人为的施肥、耕作或自然的水土流失等原因都会导致其中某些物质分布具有较大的局部差异。在对土壤环境污染的认识及控制修复的研究实践中，通过采集、分析小部分样品来了解一定面积土壤污染特征是所有土壤污染防治工作的必要步骤，因此土壤样品采集、处理及制备是土壤污染防治技术人才所必备的一项最关键的基本技能。

（一）实验目的

（1）了解土壤中环境污染物分布的特点及影响因素。

（2）掌握污染土壤样品采集、处理及制备的方法。

（二）实验原理

污染物在土壤中分布无论是纵向还是横向都是不均一的，对受污染土壤进行采样，需要兼顾均匀性和代表性原则，才能如实反映污染土壤客观特点。但污染物分布的不均匀性，给采样带来了较大的复杂性。采样方案需要科学地进行设计规划，才能最大限度地控制采样误差，客观反映所调查分析的土壤污染物的特点。

1. 采样点的选择

采样点要根据土壤污染的特点及调查研究目的确定。受污染土壤往往具有较明确的污染源——点源或线源，如工矿区域或交通道路。通常以污染源为核心，

在其周边根据污染物扩散特点先确定采样区域，如受矿山排污废水污染的农田土壤，则在下游区域污水灌溉范围内农田为采样区域；受工厂生产原料或产品污染的土地，则在工厂原料或产品较集中车间为核心，其周围一定范围为采样区域。较大面积区域内采样点的确定通常采用网格法，将整个采样区域网格化（划分成类似棋盘格的均等网格），并根据距离污染源远近设立不同密度的网格，然后分析用地类型，剔除非研究目标的网格，如村庄、工厂、河流、湖泊等，再在剩余网格中按对角线、S路线或梅花图等（图1-1）选择一定数量的网格作为采样点，在污染源及其附近区域采取高密度网格采样，在远离污染源区域适当降低采样密度，同一性程度高的地段可降低采样密度。在野外用最好GPS定位，找到样点的具体范围作为一个采样单元。

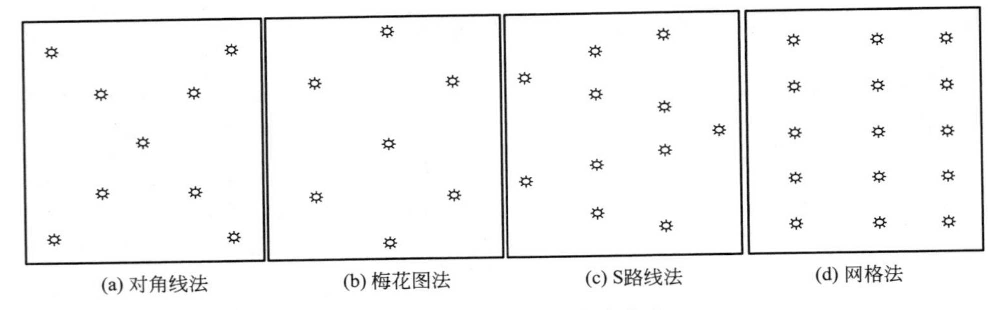

图1-1　土壤常用四种布点方法

2. 混合土样采集

由于土壤的不均匀性，每个土壤颗粒都存在一定程度的变异，采集样品要按照一定的采样路线和“随机”多点混合原则，每个采样单元可同样按照对角线、S路线或梅花图等采集土壤样品，采样路线上采集不少于5个点，具体按采样单元面积大小而定，越密集越能代表客观反映整个单元特征，各点采集后混合为一个样作为采样单元的土壤样品。

3. 采样深度和方法

采样深度应根据不同土壤类型及研究目的确定，若研究对农作物及居民影响，采集深度为0～20cm，对地下水等影响则采集不同深度。每个采样点的取土深度及采样量应均匀一致，土样上层与下层的比例要相同。取样器应垂直于地面入土，深度相同。

4. 样品重量

一个混合土样以取土1kg左右为宜，如果样品数量太多，可用四分法（图1-2）将多余的土壤弃去。方法是将采集的土壤样品放在盘子里或塑料布上，弄碎、混匀，铺成四方形，画对角线将土样分成四份，把对角的两份分别合并成一份，保留一份，弃去一份。如果所得的样品依然很多，可再用四分法处理，直至所需数量为止。

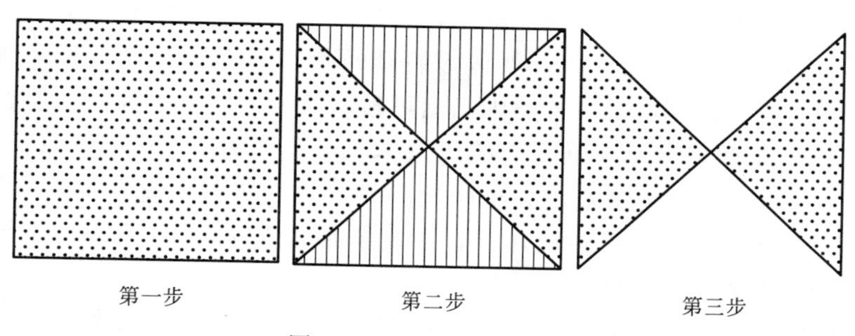

图 1-2 四分法取样步骤

5. 土壤样品处理

一些土壤通常具有较高的含水量，土壤颗粒黏结在一起，不利于保存和后续分析，因此采回土壤样品分析前通常需要摊晒在阴凉处自然通风，让含水量蒸发到一个相对稳定的水平，这个处理称为风干处理。但有时风干过程会影响土壤某些成分的测定，如氨氮，挥发性、半挥发性有机物等，若是这种情况可不采用风干处理，直接用新鲜土样按特定的方法进行前处理。

（三）实验仪器与材料

（1）采样工具 小土铲。

（2）器材 GPS、照相机、卷尺、塑料和纸质样品袋、样品箱，孔径 2mm、0.25mm 和 0.15mm 的尼龙筛，研钵、木槌、木棍、木棒、聚乙烯薄膜、瓷盘、木盘等。

（3）文具类 采集土壤区域地图或相关图件，样品标签、采样记录表、铅笔、资料夹等。

（四）实验内容与步骤

1. 重金属污染农田土壤样点布设及样品采集

（1）实验土壤采集区 在城郊工业区或矿山附近，受排放废水中重金属污染、面积 $20km^2$ 以上的农田区域。

（2）样点布设 在采集目标的土地利用图上标出污染源，然后画出其污水排放下游区域 $20km^2$（10km 长、2km 宽，或 5km 长、4km 宽，具体根据两岸农田、灌溉水渠分布确定）左右区域，整个区域划分成 $1\times1km^2$ 的网格，将村庄、河流、工厂等非农田分布的网格剔除，剩余网格中靠近污染源 $5km^2$ 范围内，将网格细化为 $0.5\times1km^2$ 的细网格，然后在此区域内画 S 路线，在路线上均等选择

10个网格作为采样单元，远离污染源$5km^2$范围内区域内同样画S路线，在路线上均等选择5个网格作为采样单元，对各采样点编号，并写出经纬度等地理信息。

(3) 样品采集　上述确定采样单元，选择一个进行样品实地采集练习，野外用GPS确定采样单元区域后，观察区域特征及周围典型参照物，然后根据采样点形状比例，画出区域草图，草图内画出可覆盖整个区域的S路线，在路线上均等确定5个具体地点作为该单元土壤样品采集点，并用GPS定位到具体地点，遇到不适宜采样的地点如灌溉沟、田间道路等，适当转移到附近100m内农田区域，每个采样点清理掉表层枯枝落叶，小土铲插入5～10cm深采出土壤样品随机选取0.2kg后装入塑料样品袋混匀。

(4) 采集记录　土壤采样的同时，由专人填写采样单元样品标签、采样记录(表1-1)；标签一式两份，一份放入每个采样单元样品袋中，一份系在袋口，标签上标注采样时间、地点、样品编号、监测项目、采样深度和经纬度，同时在采样记录本上画出采样示意图，并填写采样单元信息。采样结束，逐项检查采样记录、样袋标签和土壤样品，如有缺项和错误，及时补齐更正。将不需要土壤样品按原层回填到采样坑中，方可离开现场。

表1-1　××采样单元土壤采样记录表（××年××月××日）

采样单元编号	地理信息（经纬度）	在整个采样区域分布特点	样点数量	样点深度	监测项目	样点分布示意图	场地关键信息描述
1							

2. 样品处理与制备

采集土壤样品带回后先进行风干处理，在风干室将每个土样分别放置于风干盘（重金属污染土壤采用木盘，有机污染土壤采用瓷盘）中，摊成2～3cm的薄层，适时地用木槌压碎、翻动，拣出碎石、砂砾、植物残体等。

风干后的样品，在磨样室倒在木板或有机玻璃板上，用木槌敲打，用木滚、木棒、有机玻璃棒再次压碎，拣出杂质，混匀，并用四分法取压碎样，过孔径2mm尼龙筛。过筛后的样品全部置无色聚乙烯薄膜上，并充分搅拌混匀，再采用四分法取其两份；一份备存；另一份作样品的细磨用。

有机污染物（有机质）测定的土壤样品需要继续研磨，磨细到全部过孔径0.25mm（60目）筛；重金属污染物（土壤元素）测定的土壤样品则要研磨到全部过孔径0.15mm（100目）筛。

细磨研磨混匀后的样品，分别装于样品袋或样品瓶，填写土壤标签一式两份，瓶内或袋内一份，瓶外或袋外贴一份。

（五）实验结果与分析

（1）写出采样方案（包括网格图），填写具体采样单元采样记录表。

（2）分析样品采集、制备过程中可能导致后续测定中人为误差的环节。

（六）注意事项

（1）制样过程中，采样时的土壤标签与土壤始终放在一起，样品名称和编码始终不变。

（2）制样工具每处理一份样后擦抹（洗）干净，严防交叉污染。

第二节 土壤物理性质分析

实验一 土壤水分、pH值测定

水分和pH值是土壤的基本性质，许多污染物的生物有效性及其迁移转化会受到水分和pH值的影响，如许多重金属污染物在较高pH值时生物有效性就非常低，因此对于土壤污染物研究分析，了解土壤水分和pH值是前提。此外，污染物分析工作中，由于分析结果一般是以烘干土为基础表示的，也需要测定湿土或风干土的水分含量，以便进行分析结果的换算。

（一）实验目的

（1）了解土壤水分和pH值测定方法原理。

（2）掌握土壤水分和pH值的测定方法。

（二）实验原理

土壤水分的测定方法很多，实验室一般采用酒精烘烤法、酒精烧失法和烘干法，这里采用烘干法。适用于测定除石膏性土壤和有机土（含有机质20%以上的土壤）以外的各类土壤的水分含量。

将土样置于（105±2）℃的烘箱中烘至恒重，即可使其所含水分（包括吸湿水）全部蒸发殆尽以此求算土壤水分含量。在此温度下，有机质一般不致大量分解损失影响测定结果。

土壤pH值分水浸pH值和盐浸pH值，前者是用蒸馏水浸提土壤测定的pH值，代表土壤的活性酸度（碱度），后者是用某种盐溶液浸提测定的pH值，大体上反映土壤的潜在酸。盐浸提液常用1mol/L KCl溶液或用0.5mol/L $CaCl_2$溶液，在浸提土壤时，其中的K^+或Ca^{2+}即与胶体表面吸附的Al^{3+}和H^+发生交换，使其相当部分被交换进入溶液，故盐浸pH值较水浸pH值低。

土壤pH值的测定方法包括比色法和电位法。电位法的精确度较高。pH值误差约为0.02单位，现已成为室内测定的常规方法。野外速测常用混合指示剂比色法，其精确度较差，pH值误差在0.5左右。

用pH计测定土壤悬浊液pH值时，常用玻璃电极为指示电极，甘汞电极为参比电极。此二电极插入土壤悬浊液时构成一电池反应，其间产生一电位差，因参比电极的电位是固定的，故此电位差之大小取决于待测液的 H^+ 活度，H^+ 活度的负对数即为 pH 值，可在 pH 计上直接读出 pH 值。

（三）实验仪器与材料

1. 实验器具

（1）土壤筛：孔径 1mm。

（2）铝盒：直径约 40mm，高约 20mm。

（3）100mL 玻璃烧杯。

（4）分析天平：感量为 0.001g 和 0.01g。

（5）小型电热恒温烘箱。

（6）干燥器：内盛无水氯化钙。

（7）pH 计。

2. 实验药品与材料

（1）标准缓冲溶液。

pH=4.01 标准缓冲溶液：10.21g 在 105℃烘过的苯二甲酸氢钾（$KHC_8H_4O_4$，分析纯），用蒸馏水溶解后定容至 1L。

pH=6.86 标准缓冲溶液：3.39g 在 50℃烘过的磷酸二氢钾（KH_2PO_4，分析纯）和 3.53g 无水磷酸氢二钠（Na_2HPO_4，分析纯），溶解于蒸馏水中后定容至 1L。

pH=9.18 标准缓冲溶液：3.80g 硼砂（$Na_2B_4O_7 \cdot 10H_2O$，分析纯）溶于无二氧化碳的冷水中，定容至 1L。此溶液的 pH 易于变化，应注意保存。

（2）野外采回风干土壤样品。

（四）实验内容与步骤

1. 土壤水分测定

风干土壤样品，压碎，通过 1mm 筛，混合均匀后备用。

取小型铝盒（记号笔做好标记）在 105℃恒温箱中烘烤约 2h，移入干燥器内冷却至室温，称重，准确至 0.001g（m_0）。加风干土样约 5g 于铝盒中称重（m_1）。将铝盒盖揭开，放在盒底下，置于已预热至（105±2)℃的烘箱中烘烤 6h。取出，盖好，移入干燥器内冷却至室温（需 20～30min），立即称重（m_2）。

2. 土壤 pH 值测定

（1）待测液的制备　称取通过 2mm 筛孔的风干土壤 10.00g 于 50mL 烧杯中，加入 25mL 无二氧化碳的水或氯化钙溶液（中性、石灰性或碱性土测定用）。用玻璃棒剧烈搅动 1～2min，静置 30min，此时应避免空气中氨或挥发性酸气体等的影响。

（2）仪器校正　把电极插入与土壤浸提液 pH 值接近的缓冲溶液中，使标准溶液的 pH 值与仪器标度上的 pH 值相一致。然后拿出电极，用水冲洗、滤纸吸干后插入另一标准缓冲液中，检查仪器的读数。最后移出电极、用水冲洗、滤纸吸干后待用。

（3）测定　把电极插入土液中，待读数稳定后，记录待测液 pH 值。每个样品测完后，立即用水冲洗电极，并用干滤纸将水吸干再测定下一个样品。

（五）实验结果与分析

（1）根据以下公式计算测试土壤样品的含水率。

$$水分=\frac{m_1-m_2}{m_2-m_0}\times 100\%$$

式中　m_0——烘干空铝盒质量，g；

m_1——烘干前铝盒及土样质量，g；

m_2——烘干后铝盒及土样质量，g。

（2）按下述 pH 误差控制原则记录下 pH 值。

允许偏差：两次称样平行测定结果的允许差为 0.1pH；室内严格掌握测定条件和方法时，精密 pH 计允许差可降至 0.02pH。

（3）分析测定过程中可能产生人为误差的环节。

（六）注意事项

所有试剂，除注明外，皆为分析纯，水指蒸馏水或去离子水，其他实验相同。

土壤分析一般以烘干土计重，但分析时又以湿土或风干土称重，故需进行换算，计算公式为：应称取的湿土或风干土样重＝所需烘干土样重×（1＋水分％）。

平行测定结果的相差，水分小于 5％的风干土样不得超过 0.2％，水分为 5％～25％的潮湿土样不得超过 0.3％，水分大于 15％的大粒（粒径约 10mm）黏重潮湿土样不得超过 0.7％（相当于相对差不大于 5％）。

土壤不要磨得过细，以通过 2mm 孔径筛为宜。样品不立即测定时，最好储存于有磨口的瓶中，以免受大气中氨和其他挥发气体的影响。

加水或氯化钙后的平衡时间对测得的土壤 pH 值是有影响的，且随土壤类型而异。平衡快者，1min 即达平衡；慢者可长达 1h。一般来说，平衡 30min 是合适的。

实验二　土壤颗粒组成分析测定

矿物颗粒是土壤固体的基本物理组成，由于成土母质不同和耕作、平整、施肥等人为因素的影响，使得不仅不同区域的土壤颗粒主要组成和粒径大小有较大差别，即使同一区域土壤颗粒之间主要组成和粒径大小也具有较高的不均一性。土壤的渗透性及污染物在土壤颗粒中的吸附等都与土壤颗粒性质密切相关，进行土壤污染相关研究，了解土壤的颗粒组成特性是重要前提。

（一）实验目的

（1）了解吸管法测定土壤颗粒组成的原理。

（2）掌握吸管法测定土壤颗粒的方法。

（二）实验原理

土壤颗粒分析，是把土粒按直径大小分成若干粒级，测出每一种粒级的百分数，从而求出整个土壤的颗粒组成。吸管法是土壤颗粒分析的主要方法，以斯托克斯（Stokes）方程为基础，利用颗粒在水中自由沉降特点，将不同直径的颗粒分开，再收集、烘干、称重，并计算各粒径颗粒含量百分数。对粒径较大的土壤（>0.25mm）一般采用筛分法，逐级分离出来。对粒径较细的土粒（<0.1mm）需要先把颗粒充分分散，然后让所有颗粒在一定体积水中自由沉降，根据斯托克斯方程，颗粒粒径越大沉降速度越快，利用方程可计算出某一粒径的颗粒沉降一定距离需要的时间。在规定时间内用吸管在该沉降距离处吸取一定体积的悬液，该悬液中所含土粒的直径基本都小于计算所确定的粒级直径。将吸出悬液烘干称重，计算百分数。各粒径颗粒依此进行计时、吸液、烘干、称重、计算等操作，就可把不同粒级的重量测定出来，再通过换算，计算出土壤中粒级土壤百分数，得出土壤的颗粒组成。

（三）实验仪器与材料

1. 实验器具

（1）土壤颗粒分析吸管仪。

（2）1000mL 量筒（沉降装置）。

（3）土壤筛（1mm）、洗筛（0.25mm）。

（4）500mL 三角瓶、250mL 高型烧杯、50mL 小烧杯、1000mL 和 100mL 容量瓶各 7 个、漏斗（内径 4cm、7cm 两种）、漏斗架、搅拌棒、100mL 小量筒、真空干燥器等。

（5）天平：感量 0.0001g 和 0.01g。

（6）电热板，计时器，温度计（±0.1℃），小型电热恒温烘箱。

2. 实验药品与材料

化学纯试剂：氢氧化钠、草酸钠、六偏磷酸钠 [$(NaPO_3)_6$]、浓盐酸（37%）、过氧化氢、冰醋酸、1∶1 氢氧化铵溶液、浓硝酸、硝酸银、异戊醇、浓硫酸（工业用）、野外采回风干土壤样品。

（四）实验内容与步骤

1. 实验溶液配制

（1）0.5mol/L 氢氧化钠溶液：称取 20g 氢氧化钠，加水溶解后，定容至

1L，摇匀。

（2）0.25mol/L草酸钠溶液：称取33.5g草酸钠，加水溶解后，定量至1L，摇匀。

（3）0.5mol/L六偏磷酸钠溶液：称取51g六偏磷酸钠，加水溶解后，定容至1L，摇匀。

（4）0.2mol/L盐酸溶液：取浓盐酸17mL，用水稀释至1L，摇匀。

（5）0.05mol/L盐酸溶液：取浓盐酸5mL，用水释至1L，摇匀。

（6）10%盐酸溶液：取10mL浓盐酸，加90mL水混合而成。

（7）6%过氧化氢溶液：取20mL 30%过氧化氢，再加80mL水混合而成。

（8）10%氢氧化铵溶液：取20mL氢氧化铵溶液，再加80mL水混合而成。

（9）10%醋酸溶液：取10mL冰醋酸溶液，再加90mL水混合均匀。

（10）10%硝酸溶液：取10mL浓硝酸，再加90mL水混合均匀。

（11）4%草酸溶液：取4g草酸铵，溶于100mL水中。

（12）5%硝酸银溶液：称取5g硝酸银溶于100mL水中。

2. 测定步骤

（1）样品处理。风干土样过1mm筛，称取10g（精确到0.01g）烘干至恒重，得到干重，作为各级土粒百分数计算的基础。另称2份，每份10g。

（2）>1mm的砾石处理。将>1mm砾石放入10～12cm直径的蒸发皿内，加水煮沸，随时搅拌，煮沸后弃去上部浑浊液，再加水煮沸，弃去上部浑浊液，直至上部全为清水为止。将蒸发皿内石砾烘干称重，而后通过10mm及3mm筛孔，分级称重，计算各粒级砾石百分数。

（3）去除有机质。对于含大量有机质又需去除的样品，则用过氧化氢去除有机质。其方法是将上述两份样品，分别移入250mL高型烧杯中，加少量蒸馏水，使样品湿润。然后根据有机质量加入6%的过氧化氢，并不断用玻璃棒搅拌，有利于过氧化氢氧化有机质，有机质氧化强烈时，会产生大量气泡，立即滴加戊醇消泡，避免样品损失。如有机质过多，必须用过氧化氢反复处理，直至有机质完全氧化为止，过量的过氧化氢用加热法排除。

（4）去除碳酸盐。样品中含有碳酸盐时，用盐酸脱钙。不断滴加0.2mol/L盐酸于高型烧杯中，直至无气泡（CO_2）产生为止。为避免烧杯中盐酸浓度降低，需要不断倾去上部清液，然后继续加入0.2mol/L盐酸，直至样品中所有碳酸盐全部分解。

（5）经上述处理的样品，还需用0.5mol/L盐酸过滤淋洗，淋洗时应注意，必须使上一次加入的盐酸滤干后，再加盐酸，这样可以缩短淋洗时间，如此反复淋洗，直至滤液中无钙离子反应为止。

（6）检查钙离子的方法。用小试管收集少量滤液（约 5mL），滴加 10%氢氧化铵中和再加数滴 10%乙酸酸化，使呈微酸性，然后加几滴 4%草酸铵（可稍加热），若有白色草酸钙沉淀物，即表示有钙离子存在。如无白色沉淀，则表示样品中已无钙离子。交换性钙淋洗完毕后，再用蒸馏水反复淋洗出氯离子。

（7）检查氯离子方法。用小试管收集滤液（约 5mL），滴加 10%硝酸，使滤液酸化，然后加 5%硝酸银 1～2 滴，若有白色氯化银沉淀物，即表示有氯离子存在，仍需继续淋洗。

（8）制备悬液，经过上述处理两份样品，分别洗入 500mL 三角瓶中，加入 10mL 0.5mol/L 氢氧化钠，并加蒸馏水至 250mL，盖上小漏斗，在电热板上煮沸，煮沸后保持 1h，使样品充分分散。冷却后将悬液通过 0.25mm 孔径洗筛，洗入沉降筒中，筛洗过程中，用玻棒拨动土粒，并用蒸馏水冲洗，让所有可过筛的颗粒筛下到筒中，控制洗水量不能超过 1L；筛上＞0.25mm 砂粒则移入铝盒中，烘干后称重，计算粗砂粒（1～0.25mm）占烘干样品的质量分数。

（9）沉降测定。将已洗入沉降筒内的悬液，加蒸馏水定容至 1000mL 刻度后放于吸管仪平台上，测定悬液温度，根据斯托克斯方程计算不同粒级颗粒在水中沉降 25cm、10cm 所需的时间，为吸液时间（见表 1-2）。

（10）吸液称重。记录开始沉降的时间和各级吸液时间。用搅拌器搅拌悬液 1min，搅拌结束时即为开始沉降时间。在吸液前就将吸管放于规定深度处，再按所需粒径与预先计算好的吸液时间提前 10s 开启活塞吸悬液 25mL。吸取 25mL 悬液约 20s，速度不能太快，以免出现紊流影响颗粒沉降规律。将吸取的悬液移入有编号的已知质量的 50mL 小烧杯中，并用水洗尽吸管内壁附着的土粒，全部移入 50mL 小烧杯。将盛有悬液的小烧杯放在电热板上蒸干，然后放入烘箱，在 105～110℃下烘 6h 至恒重，取出置于真空干燥器内，冷却 20min 称重。

表 1-2　不同粒径土粒吸取时间表（土粒相对密度按 2.65 计）

土粒直径/mm		＜0.05		＜0.01		＜0.005			＜0.001		
取样深度/cm		25		10		10			10		
时间		min	s	min	s	h	min	s	h	min	s
温度/℃	5	2	50	28	9	1	52	37	46	55	19
	6	2	44	27	18	1	49	12	45	30	3
	7	2	39	26	28	1	45	52	44	6	39
	8	2	34	25	41	1	42	45	42	48	48
	9	2	30	24	57	1	39	47	41	34	40

续表

土粒直径/mm		＜0.05		＜0.01		＜0.005			＜0.001		
取样深度/cm		25		10		10			10		
时间		min	s	min	s	h	min	s	h	min	s
温度/℃	10	2	25	24	15	1	36	58	40	24	15
	11	2	21	23	33	1	34	14	39	15	40
	12	2	17	22	54	1	31	38	38	10	48
	13	2	14	22	18	1	29	11	37	9	38
	14	2	10	21	42	1	26	49	36	10	20
	15	2	7	21	8	1	24	31	35	12	52
	16	2	4	20	35	1	22	22	34	19	7
	17	2	0	20	4	1	20	17	33	27	14
	18	1	57	19	34	1	18	17	32	37	11
	19	1	55	19	5	1	16	22	31	49	0
	20	1	52	18	38	1	14	30	31	2	40
	21	1	49	18	11	1	12	44	30	18	11
	22	1	47	17	45	1	11	1	29	35	22
	23	1	44	17	21	1	9	23	28	54	24
	24	1	42	16	57	1	7	46	28	54	24
	25	1	39	16	34	1	6	15	27	36	23
	26	1	37	16	12	1	4	46	26	59	19
	27	1	35	15	50	1	3	21	26	23	44
	28	1	33	15	30	1	1	59	25	49	26

（五）实验结果与分析

（1）不同粒径颗粒（粒径＜0.25mm）质量分数的计算

$$x=\frac{g_1}{g}\times\frac{1000}{V}\times100\%$$

式中 x——小于某粒径颗粒质量，%；

g_1——25mL 吸液中小于某粒径颗粒质量，g；

g——烘干样品质量，g；

V——吸管容积，常用的为 25mL，mL。

（2）＞1mm 粒径颗粒含量质量分数的计算

$$>1mm颗粒含量=\frac{>1mm石砾烘干重(g)}{\left(\frac{<1mm风干土样总重(g)}{吸湿水\%+100}\times100\right)+>1mm石砾烘干重(g)}\times100\%$$

（3）吸湿水质量分数的计算

$$吸湿水=\frac{风干样品重(g)-烘干样品重(g)}{烘干样品重(g)}\times100\%$$

（4）盐酸洗失量及其质量分数的计算

$$盐酸洗失量(g)=烘干样品重(g)-盐酸淋洗后样品烘干重(g)$$

$$盐酸洗失量=\frac{盐酸洗失量(g)}{烘干样品重(g)}\times100\%$$

（5）1～0.25mm粒径颗粒含量质量分数的计算

$$1\sim0.25mm颗粒=\frac{1\sim0.25mm颗粒烘干重(g)}{烘干样品重(g)\times100}$$

（6）分散剂质量校正加入样品的分散剂充分分散样品并分布在悬液中，故对<0.25mm各级颗粒含量需校正。由于在计算中各级质量分数由各级依次递减而算出，所以，分散剂占烘干样品的质量分数可直接于<0.001mm部分减去（详见下面计算实例）。

（7）计算实例：

① 吸湿水含量：3.5%。

② 10～3mm粗砾含量：样品中无此类型粗砾。

③ 3～1mm细砾含量：1.25%。

④ 烘干样品重：9.65000g。

⑤ 盐酸洗失量：0.2475g。

$$盐酸洗失量\%=\frac{0.2475}{9.6000}\times100\%=2.57\%$$

⑥ 1～0.25mm颗粒重：0.0375g

$$1\sim0.25mm颗粒=\frac{0.0375}{9.6000}\times100\%=0.40\%$$

⑦ 25mL悬浮液中小于某粒径颗粒的烘干重。

<0.05mm颗粒重：0.2235g。

<0.01mm颗粒重：0.1505g。

<0.005mm颗粒重：0.0952g。

<0.001mm颗粒重：0.0695g。

⑧ 小于某粒径颗粒占烘干样品的质量分数：

$<0.05mm$ 颗粒：$\frac{0.2235}{9.6500}\times\frac{1000}{25}\times100\%=92.64\%$

$<0.01mm$ 颗粒：$\frac{0.1505}{9.6500}\times\frac{1000}{25}\times100\%=62.38\%$

$<0.005mm$ 颗粒：$\frac{0.0952}{9.6500}\times\frac{1000}{25}\times100\%=39.46\%$

$<0.001mm$ 颗粒：$\frac{0.0695}{9.6500}\times\frac{1000}{25}\times100\%=28.80\%$

⑨ 加入悬液中的分散剂（10mL 0.5mol/L 氢氧化钠）占烘干样品的质量分数为 2.11%，则在<0.001mm 部分减去：28.80%－2.11%＝26.69%。

⑩ 由上可得各粒级颗粒占烘干样品的质量分数

1～0.25mm　　0.40%

0.05～0.01mm　　92.64%－63.38%＝29.26%

0.01～0.005mm　　63.38%－39.46%＝28.92%

0.005～0.001mm　　39.46%－28.80%＝10.66%

<0.001mm　　28.80%

0.25～0.05mm　　100%－(0.40＋29.26＋28.92＋10.66＋26.69＋2.11)%
＝1.58%

（8）分析结果评定　颗粒分析的结果填入表 1-3。

表 1-3　土壤颗粒分析结果（以烘干样品为基础计算的质量分数）

土壤名称		
采集地点		
吸湿水/%		
各级颗粒含量质量分数/%	>10mm	
	3～10mm	
	3～1mm	
	1～0.25mm	
	0.25～0.05mm	
	0.05～0.01mm	
	0.01～0.005mm	
	0.005～0.001mm	
	<0.001mm	
盐酸洗失量/%		

（六）注意事项

某些土壤，特别是黏土，在淋洗氯离子过程中，其滤液常出现浑浊现象。这是因为电解质淋失后，土壤趋于分散，胶粒透过滤纸进入滤液所致。在淋洗过程中，发现滤液浑浊，则可能是胶体透过滤纸，说明氯离子含量很少，应立即停止淋洗，以免胶体损失，影响分析结果的准确性。

第三节　土壤化学性质分析

实验一　土壤有机碳、腐殖质分析

有机碳是土壤微生物生长代谢所依赖的碳源和能源，是土壤生态系统的重要组成。腐殖质来源于生物残体的降解，是土壤有机碳的主要成分，它特殊的化学组成和结构使其既可以作为终端电子受体促进微生物对难降解有机物分解，也可以作为电子供体用于微生物呼吸，促进一些无机盐类的还原；此外，还可以作为电子载体支持有机酸、硝基取代芳香族化合物、卤代芳香化合物等非生物或生物转化，以及吸附络合重金属，是土壤中具有重要的环境生态效应的组分。对于土壤污染物的迁移转化研究与分析，了解土壤有机碳及腐殖质组成是重要的前提。

（一）实验目的

（1）了解土壤有机碳和腐殖质测定方法原理。

（2）掌握土壤有机碳和腐殖质的测定方法。

（二）实验原理

土壤有机碳测定方法有多种，较经典的方法是测定干烧或湿烧后放出 CO_2，本实验采用湿烧法，是在外加热源（通常是高温油浴）的条件下，用一定量的标准重铬酸钾-硫酸溶液来氧化土壤有机质（碳），剩余的重铬酸钾用标准硫酸亚铁来滴定。由消耗的重铬酸钾量计算有机碳的含量，再根据有机质含碳量间接计算有机质的含量。一般来说，土壤有机质平均含碳量为 58%，要换算成有机质则应乘以 100/58=1.742。另外，由于该方法对土壤有机质的氧化约为 90%。故测定结果还应乘以校正系数 100/90=1.1。

通常认为土壤有机碳 90%以上是腐殖质中的碳，而腐殖质由胡敏酸、富里酸和存在于残渣中的胡敏素等组成，因此土壤有机碳总量（C）可以粗略看成是腐殖质 3 个组成成分有机碳量之和。焦磷酸钠-氢氧化钠浸提液具有极强的络合能力，可将土壤腐殖质中胡敏酸、富里酸结合成易溶于水的腐殖酸钠盐提取到溶液中，利用此浸提液提取后测定其中有机碳含量则可看做胡敏酸和富啡酸的总碳量（C_1）。浸提液中胡敏酸易溶于强碱条件，在强酸条件下可沉淀析出，因此浸提液经酸化后使胡敏酸沉淀，分离出富里酸，然后将沉淀溶解于氢氧化钠中，测定碳量作为胡敏酸碳（C_2），富里酸可由 C_1-C_2 算出，焦磷酸钠-氢氧化钠浸提后，留在土样残渣中的腐殖质成分为胡敏素，由土壤全碳量 C 减去胡敏酸和富里酸的含碳量 C_1 算出。

（三）实验仪器与材料

1. 实验器具

（1）油浴消化装置（油浴锅、铁丝笼）、水浴锅、可调温电炉、振荡器、离心机、液体蜡；

（2）离心管、消煮管、洗瓶、三角瓶、酸式滴定管、硬质试管、小漏斗、1L 容量瓶若干等；

（3）分析天平、0～300℃温度计。

2. 实验药品与材料

（1）重铬酸钾（$K_2Cr_2O_7$）、硫酸亚铁（$FeSO_4 \cdot 7H_2O$）、浓硫酸（H_2SO_4）、邻菲罗啉、油浴用石蜡、氢氧化钠（NaOH）、焦磷酸钠（$Na_4P_2O_7 \cdot 10H_2O$）均为分析纯。

（2）多年耕作稻田土壤风干样品。

（四）实验内容与步骤

1. 实验试剂配置

（1）0.8mol/L $K_2Cr_2O_7$ 溶液。称取 39.224g $K_2Cr_2O_7$ 溶于水中，定容至 1L，储于试剂瓶中备用。

（2）0.2mol/L $FeSO_4$ 溶液。称取 56g $FeSO_4 \cdot 7H_2O$ 溶于水中，加 1mol/L H_2SO_4 30mL，水稀释至 1L，此溶液需用 0.1mol/L $K_2Cr_2O_7$ 溶液在使用前准确标定。

（3）0.1mol/L $K_2Cr_2O_7$ 标准溶液。准确称取在 120～130℃下烘 3h 的 4.9033g $K_2Cr_2O_7$ 溶于少量水中，缓慢加入 70mL 浓 H_2SO_4，冷却后定容至 1L 刻度。

（4）邻菲罗啉指示剂。称取邻菲罗啉 1.485g 和 $FeSO_4 \cdot 7H_2O$ 0.695g，溶于 100mL 水中，储于棕色滴瓶中备用。

（5）二苯胺指示剂，称取二苯胺 0.5g，加水 20mL，然后缓慢加入浓 H_2SO_4 100mL，溶解后储于棕色瓶中备用。

（6）0.1mol/L $Na_4P_2O_7$ 和 0.4mol/L NaOH 混合提取液。称取 44.6g $Na_4P_2O_7 \cdot 10H_2O$ 和 4g NaOH 加蒸馏水溶解后定容到 1L。

（7）0.1mol/L NaOH 溶液。称取 NaOH 2g 溶于水中，冷去后定容到 1L。

（8）0.05mol/L H_2SO_4 溶液。取 28mL 1∶1 硫酸缓慢加入到 800mL 左右水中，冷却后定容到 1L。

(9) 1mol/L H_2SO_4溶液。取 56mL 1∶1 硫酸缓慢加入到 200mL 左右水中，冷却后定容到 1L。

2. 土壤有机碳测定

用分析天平准确称取过孔筛的烘干土样 0.1g，放入干燥的硬质试管中（直接倒入试管底部，避免沾在管壁上）。用滴定管加入 0.8mol/L $K_2Cr_2O_7$ 5mL，轻轻摇动试管，使土样分散（避免土壤粘在试管上部）。再沿管壁缓慢加入浓 H_2SO_4 5mL，并在试管口加一小漏斗，以冷凝蒸出的水蒸气。

把试管插入铁丝笼中并放入预先加热至 180～190℃的油浴锅中，此时油温下降至 170～180℃，保持此温度。当试管内容物开始沸腾时开始计，煮沸 5min（温度和时间对测定结果影响较大，应准确计时）后取出试管，冷后擦净管外油液。

将试管内容物用蒸馏水洗入三角瓶中，瓶内总体积不要超过 60～70mL，加入 2～3 滴邻菲罗啉指示剂，酸式滴定管中加入定量的 0.2mol/L $FeSO_4$，开始滴定，三角瓶溶液颜色由橙黄变绿再突变到棕红色即为终点，记录所用 0.2mol/L $FeSO_4$量（V）。

同时做不加土壤样品空白试验，加石英砂防止暴沸，记录 0.2mol/L $FeSO_4$量（V_0）。

3. 土壤中胡敏酸和富里酸提取

另外用分析天平准确称取过孔筛的土样 5.0g（精确到 0.0001g）于离心管中，加 50mL 0.1mol/L $Na_4P_2O_7$和 0.4mol/L NaOH 混合提取液，离心管加塞，放入振荡器振荡 5min，取出后放入沸水浴中煮 1h；放入离心机中，离心（3500r/min）8min；上清液收集于锥形瓶中，转入容量瓶中定容到 100mL。弃去残渣。

4. 胡敏酸和富里酸中总碳量的测定

吸取 15mL 上述浸提液盛入有少量（黄豆大小）石英砂的消煮管中，逐滴加入 0.05mol/L H_2SO_4，调整 pH 值到 7（可用 pH 试纸试验），将消煮管放在水浴锅中蒸发至近干，然后按步骤 3 测定胡敏酸和富里酸总碳量。

5. 胡敏酸中碳量的测定

(1) 胡敏酸和富里酸的分离　吸取步骤 4 浸提液 20mL，移入 250mL 锥形瓶中，加热近沸，逐滴加入 0.05mol/L 硫酸，使溶液的 pH 值调到 2～3，出现胡敏酸絮状沉淀。在水浴上 80℃保温 30min，静置过夜，使胡敏酸和富里酸充分分离；取分析滤纸，先用 0.05mol/L 硫酸润湿，将上清液倒入过滤，再用 0.05mol/L 硫酸洗涤多次，直到滤液无色为止。沉淀即为胡敏酸，弃去滤液。

（2）溶解胡敏酸　用热的 0.1mol/L 氢氧化钠少量多次地洗涤溶解，并经分析滤纸滤入 100mL 容量瓶中，一直到滤液无色为止，用蒸馏水定容到标度，摇匀，吸取 25mL 上述溶液移入盛有少量石英砂的消煮管中，用 0.05mol/L 硫酸调到 pH=7（用 pH 试纸试验），使溶液出现混浊为止；放在水浴上蒸至近干，然后按照步骤 3（重铬酸钾氧化-外加热法）测定胡敏酸碳量。

（五）实验结果与分析

（1）根据以下公式计算测试上述各步骤中的有机碳

$$\text{总有机碳 } C(\text{g/kg})=\frac{\frac{c\times 5}{V_0}(V-V_0)\times 10^{-3}\times 3\times 1.1}{0.1}\times 1000 \tag{1-1}$$

$$(\text{胡敏酸碳}+\text{富里酸碳})C_1(\text{g/kg})=\frac{\frac{c\times 5}{V_0}(V-V_0)\times 10^{-3}\times 3\times \frac{100}{15}\times 1.1}{5}\times 1000 \tag{1-2}$$

$$\text{胡敏酸碳 } C_2(\text{g/kg})=\frac{\frac{c\times 5}{V_0}(V-V_0)\times 10^{-3}\times 3\times \frac{100}{25}\times \frac{100}{20}\times 1.1}{5}\times 1000 \tag{1-3}$$

式中　V_0——每次有机碳滴定空白时消耗的 $FeSO_4$ 毫升数；

V——每次有机碳滴定样品时消耗的 $FeSO_4$ 毫升数；

c——0.8mol/L $K_2Cr_2O_7$ 标定浓度；

5——每次滴定时 0.8mol/L $K_2Cr_2O_7$ 标准溶液加入体积；

3——1/4 碳原子摩尔质量（氧化过程中每个亚铁相当于 1/4 个碳），g/mol；

10^{-3}——将 mL 换算为 L。

氧化校正系数：

式(1-1) 中　0.1——称取土样烘干重。

式(1-2) 中　5——称取土样烘干重；

$\frac{100}{15}$——100mL 浸提液中胡敏酸和富里酸有机碳。

式(1-3) 中　5——称取土样烘干重；

$\frac{100}{25}\times\frac{100}{20}$——100mL 浸提液中胡敏酸有机碳。

（2）计算所分析测定土样中总有机碳、腐殖质中胡敏酸、富里酸和胡敏素的碳。

（3）分析实验过程中可能出现较大人为操作误差之处。

（六）注意事项

有机碳测定时称取土样质量根据有机质含量定，含有机质＞7％的称0.1g，4％～7％称0.2g，2％～4％称0.3g，＜2％称0.5g。

实验二　土壤中氮（全氮、无机氮）分析

氮元素是土壤环境中重要的生源要素，也是耕作土壤的肥力组成，在土壤环境中有着活跃的迁移转化。无机氮化合物氨氮和硝态氮可随降雨下渗或地表径流迁移到地下水或地表水。农业耕作中，为了追求高产而进行的不合理的化学氮肥的施用，可导致区域地下水和地表水水环境严重氮污染。因此土壤中的氮，特别是无机氮，往往是水体氮污染的主要来源，水体氮污染防治的措施之一就是对区域土壤中氮的监控与管理。

（一）实验目的

（1）了解土壤主要全氮及3种无机氮的测定原理。

（2）掌握凯氏氮、亚酸盐氮的测定方法。

（二）实验原理

土壤全氮的测定方法主要有干烧法和湿烧法。湿烧法也称为开式法，是在催化剂等的参与下，用浓硫酸消煮，各种含氮有机化合物转化为铵态氮，碱化后蒸馏出来的氨用硼酸吸收，以酸标准溶液滴定，求出土壤全氮含量，但不包括硝态氮和亚硝态氮。包括硝态和亚硝态氮的全氮测定，在样品消煮前，需先用高锰酸钾将样品中的亚硝态氮氧化为硝态氮后，再用还原铁粉使全部硝态氮还原，转化为铵态氮。

土壤全氮包括有机氮和无机氮，无机氮主要有：氨氮、亚硝酸盐氮、硝酸盐氮3种，均能被氯化钾溶液浸提出。浸提液在碱性条件下，其中的氨氮以氨离子形式存在，有次氯酸根离子时可与苯酚反应生成蓝色靛酚染料，在630nm波长具有最大吸收，在一定浓度范围内，氨氮浓度与吸光度值符合朗伯-比尔定律，可用比色法测定。浸提液在酸性条件下，其中亚硝酸盐氮与磺胺反应生成重氮盐，再与盐酸*N*-(1-萘基)-乙二胺偶联生成红色染料，在波长543nm处具有最大吸收。在一定浓度范围内，亚硝酸盐氮浓度与吸光度值符合朗伯-比尔定律。浸提液中硝酸盐氮通过还原柱可还原为亚硝酸盐氮，通过测定其中亚硝酸盐氮量得出硝酸盐氮和亚硝酸盐氮总量，总量与亚硝酸盐氮含量之差即为硝酸盐氮含量。

（三）实验仪器与材料

1. 实验器具

（1）硬质开氏烧瓶：50mL，100mL；半微量定氮蒸馏器；半微量滴定管：10mL，25mL。

（2）电炉：300W可变温、恒温水浴振荡器。

（3）分光光度计、pH计。

（4）比色管：20mL、50mL、100mL，消煮管、洗瓶、三角瓶、小漏斗、1L容量瓶若干等、聚乙烯瓶。

（5）分析天平、0～300℃温度计、研钵。

2. 实验药品与材料

（1）浓硫酸、硼酸、氢氧化钠、浓盐酸、无水碳酸钠、溴甲酚绿、甲基红、乙醇、硫酸钾，硫酸铜（$CuSO_4 \cdot 5H_2O$）、二水柠檬酸钠、二氯异氰尿酸钠、氯化钾、氯化铵、苯酚、硝酸钠、浓磷酸、亚硝酸钠（干燥器中干燥24h）、磺胺、盐酸*N*-(1-萘基)-乙二胺溶液、镉粉（粒径0.3～0.8mm）、硝酸钠（干燥器中干燥24h）、氨水、硒粉。

（2）多年耕作稻田新鲜土壤样品。

（四）实验内容与步骤

1. 实验试剂配置

（1）2%（质量分数）硼酸溶液　称取硼酸20.00g溶于水中，稀释定容至1L。

（2）10mol/L氢氧化钠溶液　称取400g氢氧化钠溶于水中，稀释定容至1L。

（3）0.01mol/L盐酸标准溶液　量取9mL浓盐酸，注入1L水中，此盐酸的标准溶液浓度为0.1mol/L。并对此标准溶液进行标定，将已标定的0.1mol/L的盐酸标准溶液，用水稀释10倍，即为0.01mol/L的标准溶液，即准确吸取0.1mol/L盐酸标准溶液10mL到100mL容量瓶中，用水定容。

0.1mol/L盐酸标准溶液标定：称取0.2g（精确至0.0001g）于270～300℃灼烧至恒重的基准无水碳酸钠，溶于50mL水中，加10滴溴甲酚绿-甲基红混合指示剂，用0.1mol/L盐酸溶液滴定至溶液由绿色变为暗红色，煮沸2min，冷却后继续滴定直至溶液呈暗红色。同时做空白试验。盐酸标准溶液准确浓度按下式计算：

$$c = m / [(V_1 - V_2) \times 0.05299]$$

式中　c——盐酸标准溶液浓度，mol/L；

m——称取无水碳酸钠的质量，g；

V_1——盐酸溶液用量，mL；

V_2——空白试验盐酸溶液用量，mL；

0.05299——$1/2Na_2CO_3$的毫摩尔质量，g。

（4）0.01mol/L 硫酸标准溶液　量取 3mL 硫酸，缓缓注入 1L 水中，冷却，摇匀，此溶液为 0.1mol/L 硫酸标准溶液。将已标定的 0.1mol/L 的硫酸标准溶液，用水稀释 10 倍，即为 0.01mol/L 的标准溶液，即准确吸取 0.1mol/L 硫酸标准溶液 10mL 到 100mL 容量瓶中，用水定容并标定（同 0.01mol/L 盐酸标准溶液的标定方法）。

（5）溴甲酚绿-甲基红混合指示剂　称取 0.5g 溴甲酚绿和 0.1g 甲基红于研钵中，加入少量 95%乙醇，研磨至指示剂全部溶解后，加 95%乙醇至 100mL。

（6）硼酸-指示剂混合溶液　每升 2%硼酸溶液中加 20mL 混合指示剂，并用稀碱或稀酸调至紫红色（pH 值约为 4.5）。此溶液放置时间不宜过长，如在使用过程中 pH 值有变化，需随时用稀酸或稀碱调节。

（7）加速剂　称取 100g 硫酸钾，10g 硫酸铜，1g 硒粉于研钵中研细，充分混合均匀。

（8）1mol/L 氯化钾溶液　称取 74.55g 氯化钾，用适量水溶解，移入 1000mL 容量瓶中，用水定容。

（9）氯化铵标准储备液　称取 0.764g 氯化铵，用适量水溶解，加入 0.3mL 浓硫酸，冷却后，定容到 1L，混匀，在避光、4℃下可保存 1 个月。

（10）氯化铵标准使用液　量取 5.0mL 氯化铵标准储备液于 100mL 容量瓶中，定容到 100mL，混匀，用时现配。

（11）苯酚溶液　称取 70g 苯酚溶于 1L 水中。该溶液储存于棕色玻璃瓶中，在室温条件下可保存 1 年。

（12）硝酸钠溶液　称取 0.8g 硝酸钠溶于 1L 水中。该溶液储存于棕色玻璃瓶中，在室温条件下可保存 3 个月。

（13）缓冲溶液　称取 280g 二水柠檬酸钠及 22.0g 氢氧化钠，溶于 500mL 水中，移入 1000mL 容量瓶中，定容，混匀。

（14）硝酸钠-苯酚显色剂　量取 15mL 二水硝酸钠溶液及 15mL 苯酚溶液和 750mL 水，混匀，该溶液用时现配。

（15）二氯异氰尿酸钠显色剂　称取 5.0g 二氯异氰尿酸钠溶于 1000mL 缓冲溶液中，4℃下可保存 1 个月。

（16）亚硝酸盐氮标准储备液　称取 4.926g 亚硝酸钠，用适量水溶解，移入 1000mL 容量瓶中，蒸馏水定容，混匀。该溶液储存于聚乙烯塑料瓶中，4℃下可保存 6 个月。

(17) 亚硝酸盐氮标准使用液Ⅰ　量取10.0mL亚硝酸盐氮标准储备液于100mL容量瓶中，定容，混匀。用时现配。

(18) 亚硝酸盐氮标准使用液Ⅱ　量取10.0mL亚硝酸盐氮标准使用液Ⅰ于100mL容量瓶中，定容，混匀。用时现配。

(19) 磺胺溶液　向1000mL容量瓶中加入600mL水，再加入200mL浓磷酸，然后加入80g磺胺。定容，混匀。该溶液于4℃下可保存1年。

(20) 盐酸*N*-(1-萘基)-乙二胺溶液：称取0.40g盐酸*N*-(1-萘基)-乙二胺溶于100mL水中。4℃下保存，当溶液颜色变深时应停止使用。

(21) 磺胺显色剂　分别量取20mL磺胺溶液、20mL盐酸*N*-(1-萘基)-乙二胺溶液、20mL浓磷酸于100mL棕色试剂瓶中，混合。4℃下保存，当溶液变黑时应停止使用。

(22) 硝酸盐氮标准储备液　称取6.068g硝酸钠，用适量水溶解，移入1000mL容量瓶中，水定容，混匀。该溶液储存于聚乙烯塑料瓶中，4℃下可保存6个月。

(23) 硝酸盐氮标准使用液Ⅰ　量取10.0mL硝酸盐氮标准储备液于100mL容量瓶中，定容，混匀。用时现配。

(24) 硝酸盐氮标准使用液Ⅱ　量取10.0mL硝酸盐氮标准使用液Ⅰ于100mL容量瓶中，定容，混匀。用时现配。

(25) 硝酸盐氮标准使用液Ⅲ　量取6.0mL标准使用液Ⅰ于100mL容量瓶中，定容，混匀。用时现配。

(26) 亚硝酸盐氮标准使用液Ⅲ　量取6.0mL亚硝酸盐氮标准使用液Ⅰ于100mL容量瓶中，定容，混匀。用时现配。

(27) 氯化铵缓冲溶液储备液　将100g氯化铵溶于1000mL容量瓶中，加入约800mL蒸馏水，用氨水调节pH值为8.7～8.8，定容，混匀。

(28) 氯化铵缓冲溶液使用液　量取100mL氯化铵缓冲溶液储备液于1000mL容量瓶中，定容，混匀。

(29) 还原柱的制备　称取10g镉粉，用浓盐酸浸泡约10min，然后用水冲洗至少五次。再用水浸泡约10min，加入约0.5g硫酸铜，混合1min，然后用水冲洗至少10次，直至黑色铜絮凝物消失。重复采用浓盐酸浸泡混合物1min，然后用水冲洗至少5次。处理好的镉粉，用水浸泡，在1h内装柱。向还原柱底端加入少许棉花，加水至漏斗2/3处（L_1），缓慢添加处理好的镉粉至L_3处（约为100mm），添加镉粉的同时，应不断敲打柱子使其填实，最后，在上端加入少许棉花至L_2处。如果还原柱在1h内不使用，应加入氯化铵缓冲溶液储备液至L_1处。盖上漏斗盖子，防止蒸发和灰尘进入。在这样的条件下，还原柱可保存1

个月。但是，每次使用前要检查还原柱的转化效率（见图1-3）。

2. 测定步骤

（1）全氮测定

① 土样处理　新鲜土样风干，称取通过0.25mm筛的风干土样0.5～1.0g（含氮约1mg，精确至0.0001g），同时称样测定风干土样水分含量。

② 样品（不包括硝态和亚硝态氮）的消煮　将试样送入干燥的凯氏瓶底部，加入1.8g加速剂，加水2mL润湿试样，再加5mL浓硫酸，摇匀。将凯氏瓶倾斜置于变温电炉上，低温加热，待瓶内反应缓和时（10～15min），提高温度使消煮的试液保持微沸，消煮温度以硫酸蒸气在瓶颈上部1/3处回流为宜。待消煮液和试样全部变为灰白稍带绿色后，再继续消煮1h。冷却，待蒸馏。同时做两份空白测定。

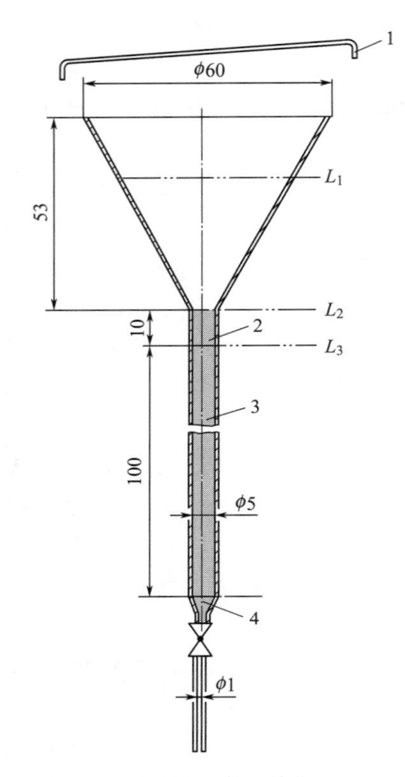

图1-3　还原柱示意（单位：mm）
1—还原柱盖子；2—填充的棉花；3—处理后的镉粉（颗粒直径为0.3～0.8mm）；4—填充的棉花

③ 氨的蒸馏　蒸馏前先检查蒸馏装置是否漏气，并通过水的馏出液将管道洗净（空蒸）。待消煮液冷却后，将消煮液全部转入蒸馏器内，并用少量水洗涤开氏瓶4～5次（总用水量不超过35mL）。于150mL三角瓶中，加入10mL 2%硼酸-指示剂混合液，放在冷凝管末端，管口置于硼酸液面以上2～3cm处，然后向蒸馏水瓶内加入20mL 10mol/L氢氧化钠溶液，开始加热蒸馏，待馏出液体积约40mL时，即蒸馏完毕，用少量已调节至pH＝4.5的水冲洗冷凝管的末端。

④ 滴定　用0.01mol/L盐酸标准溶液（或硫酸标准溶液）滴定馏出液，由蓝绿色滴定至刚变为红紫色。记录所用酸标准溶液的体积（mL）。空白测定滴定所用酸标准溶液的体积一般不得超过0.40mL。

（2）氨氮、亚硝酸盐氮、硝酸盐氮浸提　称取40.0g新鲜土样放入500mL聚乙烯瓶中，加入200mL氯化钾溶液，在（20±2）℃的恒温水浴振荡器中震荡提取1h。转移约60mL提取液于100mL聚乙烯离心管中，在3000r/min的条件下离心分离10min。然后将约50mL上清液转移至100mL比色管中，待测。同时制备同样步骤制备不加土样的空白样。

（3）氨氮测定

① 标准曲线制作　分别量取 0、0.10mL、0.20mL、0.50mL、1.00mL、2.00mL、3.50mL 氯化铵标准使用液于一组 100mL 具塞比色管中，加水至 10.0mL，制备标准系列。氨氮含量分别为 0、1.0μg、2.0μg、5.0μg、10.0μg、20.0μg、35.0μg。向标准系列中加入 40mL 硝酸钠-苯酚显色剂，充分混合，静置 15min。然后分别加入 1.00mL 二氯异氰尿酸钠显色剂充分混合，在 15～35℃条件下至少静置 5h。于 630nm 波长处，以水为参比，测量吸光度。以扣除零浓度的校正吸光度为纵坐标，氨氮含量（μg）为横坐标，绘制校准曲线。

② 浸提液和空白液中氨氮测定　分别量取 10.0mL 浸提液和空白液至 100mL 于具塞比色管中，按照上述标准曲线比色步骤测量并记录吸光度，根据吸光度分别从标准曲线上查出相应的氨氮含量。

（4）亚硝酸盐氮测定　分别量取 0、1.00mL、5.00mL 亚硝酸盐氮标准使用液Ⅱ和 1.00mL、3.00mL、6.00mL 亚硝酸盐氮标准使用液Ⅰ于一组 100mL 容量瓶，加水稀释至标线，混匀，制备标准系列，亚硝酸盐氮含量分别为 0、10.0μg、50.0μg、100μg、300μg、600μg。分别量取 1.0mL 上述标准系列于一组 25mL 具塞比色管中，加入 20mL 水，摇匀。向每个比色管中加入 0.20mL 磺胺显色剂，充分混合，静置 60～90min，在室温下显色。于 543nm 波长处，以水为参比，测量吸光度。以扣除零浓度的校正吸光度为纵坐标，亚硝酸盐氮含量（μg）为横坐标，绘制校准曲线。

浸提液和空白液中亚硝酸盐氮测定：分别量取 1.0mL 浸提液和空白液至 100mL 具塞比色管中，按照上述标准曲线比色步骤测量并记录吸光度，根据吸光度分别从标准曲线上查出相应的亚硝酸盐氮含量。

（5）硝酸盐氮测定

① 还原柱准备　打开还原柱活塞，让氯化铵缓冲溶液全部流出还原柱。必要时，用水清洗掉表面所形成的盐。再分别用 20mL 氯化铵缓冲溶液使用液、20mL 氯化铵缓冲溶液储备液和 20mL 氯化铵缓冲溶液使用液滤过还原柱，待用。

② 标准曲线绘制　分别量取 0、1.00mL、5.00mL 硝酸盐氮标准使用液Ⅱ和 1.00mL、3.00mL、6.00mL 硝酸盐氮标准使用液Ⅰ于一组 100mL 容量瓶中，用水稀释至标线，混匀，制备标准系列，硝酸盐氮含量分别为 0、10.0μg、50.0μg、100μg、300μg、600μg。

关闭还原柱活塞，分别量取 1.00mL 校准溶液于还原柱中。向还原柱中加入 10mL 氯化铵缓冲溶液使用液，然后打开活塞，以 1mL/min 的流速通过还原柱，用 50mL 具塞比色管收集洗脱液。当液面达到顶部棉花时再加入 20mL 氯化铵缓冲溶液使用液，收集所有流出液，移开比色管。最后用 10mL 氯化铵缓冲溶液使用液清洗还原柱。

向上述比色管中加入 0.20mL 磺胺显色剂，充分混合，在室温下静置 60～90min。于 543nm 波长处，以水为参比，测量吸光度。以扣除零浓度的校正吸光度为纵坐标，硝酸盐氮含量（μg）为横坐标，绘制校准曲线。

③ 浸提液和空白液中硝酸盐氮测定　分别量取 1.0mL 浸提液和空白液至 100mL 具塞比色管中，按照上述标准曲线比色步骤测量并记录吸光度，根据吸光度分别从标准曲线上查出相应的硝酸盐氮含量。

（五）实验结果与分析

（1）根据以下公式计算测试上述各步骤中的氮含量。

$$全氮(g/kg)=\frac{(V-V_0)\times c\times 0.014\times 1000}{m}$$

式中　V——滴定试液时所用酸标准溶液的体积，mL；

V_0——滴定空白时所用酸标准溶液的体积，mL；

0.014——氮原子的毫摩尔质量，g；

c——酸的标准溶液浓度，mol/L；

m——风干土样烘干重，g。

$$氨氮(mg/kg)=\frac{(m_1-m_0)}{V}\times f\times R$$

式中　m_1——从校准曲线上查得的浸提液中氨氮的含量，μg；

m_0——从校准曲线上查得的空白试料中氨氮的含量，μg；

V——测定时的浸提液体积，10.0mL；

f——浸提液的稀释倍数；

R——浸提液体积与干土的比例系数，mL/g；按照下式进行计算。

$$R=\frac{[V_{ES}+m_s(1-w_{dm})/d_{h20}]}{m_s\times w_{dm}}$$

式中　V_{ES}——提取溶液的体积，200mL；

m_s——土样质量，40.0g；

d_{h20}——水的密度，1.0g/mL；

d_{dw}——土壤中的干物质含量，%。

$$亚硝酸盐氮(mg/kg)=\frac{(m_1-m_0)}{V}\times f\times R$$

式中　m_1——从相应校准曲线上查得的浸提液中亚硝酸氮的含量，μg；

m_0——从相应校准曲线上查得的空白试料中亚硝酸盐氮的含量，μg；

V——测定时的浸提液体积，1.0mL；

f——浸提液的稀释倍数；

R——浸提液体积与干土的比例系数，mL/g；与氨氮计算式中 R 相同。

$$\text{亚硝酸盐氮}+\text{硝酸盐氮总量}(mg/kg)=\frac{(m_1-m_0)}{V}\times f\times R$$

式中　m_1——从相应标准曲线上查得的浸提液中亚硝酸氮的含量，μg；

m_0——从相应标准曲线上查得的空白试料中亚硝酸盐氮的含量，μg；

V——测定时的浸提液体积，1.0mL；

f——浸提液的稀释倍数；

R——浸提液体积与干土的比例系数，mL/g；与氨氮计算式中 R 相同。

(2) 计算所分析测定土样中全氮、氨氮、亚硝酸盐氮、硝酸盐氮含量。

(3) 分析实验过程中可能出现较大的人为操作误差之处。

（六）注意事项

土壤全氮测定不宜用烘干试样，因为烘干过程中可能使全氮量发生变化。但测定结果一般应以烘干试样为基础计算，故需另测风干样的含水量。

全氮测定消煮的温度应控制在 360～400℃范围内，超过 400℃，能引起硫酸铵的热分解而导致氮素损失。

实验三　土壤中磷（全磷、无机磷分级）分析

与氮相同，磷也是土壤中重要的生源要素和肥力组成，农田土壤施用的过量磷肥也会随地表径流向下游水体迁移，从而导致水体富营养化。土壤中的无机磷几乎全部是正磷酸盐，以不同阳离子结合的磷酸盐化合物形式存在，可分为磷酸钙（Ca-P），磷酸铝（Al-P）、磷酸铁（Fe-P）和闭蓄态磷（O-P）等，不同形式无机磷迁移转化特性往往不同。对土壤中的磷进行监控和管理，除了需要了解总磷含量外，通常还需要掌握不同形式无机磷的组成。

（一）实验目的

(1) 了解土壤全磷及无机磷分级测定原理。

(2) 掌握磷测定的钼锑抗分光光度方法。

（二）实验原理

土壤全磷的测定要求把全部无机磷溶解，同时全部有机磷氧化成无机磷，通常需要对样品分解进行，然后测定溶液中的磷。土壤样品的分解有多种方法，其中在银或镍坩埚中用 NaOH 熔融分解是比较完全和简便的方法。土壤样品与氢氧化钠熔融，土壤中含磷矿物及有机磷化合物全部转化为可溶性的正磷酸盐，用水和稀硫酸溶解熔块，在特定条件下样品溶液与钼锑抗显色剂反应，生成磷钼蓝，用分光光度法定量测定。

土壤中不同形式无机磷可利用不同化学浸体剂，逐级分离提取。石灰性土壤和中性、酸性土壤提取条件往往不同，本实验主要介绍中性、酸性土壤的无机磷分级提取测定。土壤中的水溶性磷可用 NH_4Cl 浸提，但这部分含量较少，通常不测，继续用 NH_4F_4 可浸提出 Al-P，然后 NaOH 可以将 Fe-P 浸提出来，继而用柠檬酸钠和连二亚硫酸钠溶液可将 O-P 浸提出来，以上提取液均为碱性，土壤中磷酸钙（Ca-P）不能溶解，最后再用 H_2SO_4 将 Ca-P 浸提出来。溶液中的磷在特定条件下同样也可以与钼锑抗显色剂反应，生成磷钼蓝，用分光光度法定量测定。

（三）实验仪器与材料

1. 实验器具

（1）可调温电炉、镍（或银）坩埚、研钵、土壤筛。

（2）分析天平、分光光度计、pH 计。

（3）振荡机、离心机、搅拌机、水浴锅、离心管、消煮管、洗瓶、三角瓶、酸式滴定管、硬质试管、小漏斗、1L 容量瓶若干等。

2. 实验药品与材料

（1）无水乙醇、浓硫酸、氢氧化钠、无水碳酸钠、二硝基酚、酒石酸锑钾、钼酸铵、抗坏血酸、磷酸二氢钾、氯化铵、氟化铵、柠檬酸钠、连二亚硫酸钠、氯化钠、高氯酸、浓盐酸、抗坏血酸、硼酸。

（2）无磷定性滤纸。

（3）多年耕作稻田土壤风干样品。

（四）实验内容与步骤

1. 实验试剂配置

（1）10%碳酸钠溶液　称取 10g 无水碳酸钠溶于水后，稀释至 100mL。

（2）5%（体积分数）硫酸溶液　吸取 5mL 浓硫酸，缓缓加入 90mL 水中，冷却后加水至 100mL。

（3）3mol/L 硫酸溶液　量取 168mL 浓硫酸缓缓加入到盛有 800mL 左右水的大烧杯中，不断搅拌，冷却后，再加水至 1000mL。

（4）二硝基酚指示剂　称取 0.2g 2,6-二硝基酚溶于 100mL 水中。

（5）0.5%酒石酸锑钾溶液　称取酒石酸锑钾 0.5g 溶于 100mL 水中。

（6）硫酸钼锑储备液　量取 126mL 浓硫酸，缓缓加入到 400mL 水中，不断搅拌，冷却。另称取经磨细的钼酸铵 10g 溶于温度约 60℃的 300mL 水中，冷却。然后将硫酸溶液缓缓倒入钼酸铵溶液中。再加入 0.5%酒石酸锑钾溶液 100mL，冷却后，加水稀释至 1000mL，摇匀，储于棕色试剂瓶中，此储备液含钼酸铵 1%，硫酸 2.25mol/L。

（7）钼锑抗显色剂　称取1.5g抗坏血酸溶于100mL钼锑储备液中。此溶液有效期不长，宜用时现配。

（8）磷标准储备液　准确称取经105℃下烘干2h的磷酸二氢钾0.4390g，用水溶解后，加入5mL浓硫酸，然后加水定容至1000mL。该溶液含磷100mg/L，放入冰箱可供长期使用。

（9）5mol/L磷标准溶液　吸取5mL磷储备液，放入100mL容量瓶中，加水定容。该溶液用时现配。

（10）1mol/L氯化铵溶液　称取53.3g氯化铵溶于水后，稀释至1L。

（11）0.5mol/L氟化铵溶液　称取18.5g氟化铵溶于约800mL水后，稀释至900mL，用4mol/L氢氧化钠溶液调pH值至8.2，在稀释至1L。

（12）0.1mol/L氢氧化钠溶液　称取4.0g氢氧化钠溶于水后，稀释至1L。

（13）0.3mol/L柠檬酸钠溶液　称取88.2g柠檬酸钠溶于900mL热水中，冷却后稀释至1L。

（14）0.5mol/L硫酸溶液　加浓硫酸于800mL水中，冷却后稀释至1L。

（15）0.1mol/L氢氧化钠溶液　称取20.0g氢氧化钠溶于水后，稀释至1L。

（16）饱和氯化钠溶液　称取400g氯化钠溶于1L水中，溶解至饱和后过滤。

（17）三酸混合溶液　硫酸：高氯酸：硝酸以1：2：7的体积比混合。

（18）0.8mol/L硼酸溶液　称取49.0g硼酸溶于热水中，冷却后稀释至1L。

2. 土壤全磷测定

（1）土样消解　准确称取过0.149mm孔筛风干样品0.25g，精确到0.0001g，小心放入镍（或银）坩埚底部，不要粘在壁上。加入无水乙醇3～4滴，润湿样品，在样品上均匀铺洒2g氢氧化钠。将坩埚（处理大批样品时，暂放入大干燥器中以防吸潮）放入高温电炉，升温。当温度升至400℃左右时，切断电源，暂停15min。然后继续升温至720℃，并保持15min，取出冷却。加入约80℃的水10mL，待熔块溶解后，将溶液无损失地转入100mL容量瓶内，同时用3mol/L硫酸溶液10mL和水多次洗坩埚，洗涤液也一并移入该容量瓶。冷却，定容。用无磷定性滤纸过滤或离心澄清。同时做空白试验。

（2）绘制校准曲线　分别吸取5mg/L磷标准溶液0、2mL、4mL、6mL、8mL、10mL于50mL容量瓶中，同时加入2mL空白溶液及二硝基酚指示剂2～3滴。并用10%碳酸钠溶液或5%硫酸溶液调节溶液至微黄色。准确加入钼锑抗显色剂5mL，摇匀，加水定容，或得含磷量分别为0.0mg/L、0.2mg/L、0.4mg/L、0.8mg/L的标准溶液系列。摇匀，于15℃以上温度放置30min后，在波长700nm处，测定其吸光度。在方格坐标纸上以吸光度为纵坐标，磷浓度（mg/L）为横坐标，绘制校准曲线。

（3）消解样品溶液中磷测定　吸取消解样品溶液 2mL 于 50mL 容量瓶中，按标准曲线步骤测定吸光度，并根据标准曲线查出样品液的含磷量。

3. 无机磷分级测定

（1）Al-P 的测定　称取通过 100 目的风干土样 1.000g，置于 100mL 离心管中，加入 1.0mol/L NH_4Cl 溶液 50mL，在 20～25℃下振荡 30min，离心（约 3500r/min，8min），弃去上层清液（必要时也可以测定）。再在 NH_4Cl 浸提过的土样中加入 0.5mol/L NH_4F（pH＝8.2）溶液 50mL，在 20～25℃下振荡 1h，取出离心（约 3500r/min，8min），将上层清液倾入小塑料瓶中。吸取上述浸出液 20mL 于 50mL 容量瓶中，加入 0.8mol/L H_3BO_3 溶液 20mL，再加 2,6-二硝基酚指示剂 2 滴，用稀 HCl 和稀 NH_4OH 溶液调节 pH 值至待测液呈微黄，用钼锑抗法测定（同全磷测定），同时做空白试验。

（2）Fe-P 的测定　浸提过 Al-P 的土壤用饱和 NaCl 溶液洗两次（每次 25mL，离心后弃去），然后加入 0.1mol/L NaOH 溶液 50mL，在 20～25℃振荡 2h，静置 16h，再振荡 2h，离心（约 4500r/min，10min）。倾出上层清液于三角瓶中，并在浸出液中加浓 H_2SO_4（在结果计算时应考虑加入的 H_2SO_4 体积）1.5mL，摇匀后放置过夜，过滤，以除去凝絮的有机质。吸取适量滤液，用钼锑抗比色测定磷（同全磷测定）。

（3）O-P 的测定　浸提过 Fe-P 的土壤用饱和 NaCl 溶液洗两次（每次 25mL，离心后弃去），然后加入 0.3mol/L 柠檬酸钠溶液 40mL，充分搅拌碎土块，再加连二亚硫酸钠 1.0g，放入 80～90℃水浴中，待离心管内溶液温度和水浴温度平衡后，用电动搅拌机搅拌 15min，在加入 0.5mol/L NaOH 溶液 10mL（连续搅拌 10min），冷却后离心（约 4500r/min，10min），将上层清液倾入 100mL 容量瓶中。土样用饱和 NaCl 溶液洗两次（每次 20mL），离心后上层清液一并倒入容量瓶中，用水定容。吸取上述浸出液 10mL 于 50mL 三角瓶中，加入三酸混合液 10mL，瓶口放一小漏斗，在电炉上消煮，逐步升高温度，待 HNO_3 和 $HClO_4$ 全部分解，有 H_2SO_4 回流时即可取下。冷却后成白色固体，加入 50mL 水，煮沸，使全部溶解后，用 0.1mol/L（1/2H_2SO_4）溶液洗入 100mL 容量瓶中，定容。吸取 30mL 溶液于 50mL 容量瓶中，用钼锑抗比色测定磷（同全磷测定）。

（4）Ca-P 的测定　浸提过 O-P 的土样加入 0.5mol/L（1/2 H_2SO_4）50mL，在 20～25℃振荡 1h，离心，倾出上层清液于三角瓶中。吸取适量浸出液于 50mL 容量瓶中，用钼锑抗比色测定磷（同全磷测定）。

（五）实验结果与分析

（1）根据以下公式计算测试上述各步骤中的磷含量。

$$土壤全磷量(g/kg)=\rho\times\frac{V_1}{m}\times\frac{V_2}{V_3}\times10^{-3}\times\frac{100}{100-H}$$

式中　ρ——从校准曲线上查得待测样品溶液中磷的含量，mg/L；

m——风干土样质量，g；

V_1——样品熔融后的定容体积，mL；

V_2——显色时溶液定容的体积，mL；

V_3——从熔样定容后分取的体积，mL；

10^{-3}——将 mg/L 浓度单位换算为 kg 的换算因数；

$\frac{100}{100-H}$——将风干土变换为烘干土的转换因数；

H——将风干土中水分含量百分数。

$$各形态无机磷含量(mg/kg)=\frac{\rho V t_s}{m}$$

式中　ρ——从校准曲线上查得待测样品溶液中磷的含量，mg/L；

m——土样质量（烘干重），g；

V——显色时溶液定容的体积，mL；

t_s——分取倍数（每种形态浸提液总体积与显色时吸取浸提液体积之比）。

（2）计算所分析测定土样中全磷、各无机形态磷。

（3）分析实验过程中可能出现较大人为操作误差之处。

实验四　土壤重金属污染物（铅、镉）的分析

铅、镉是重金属污染土壤中常见的主要污染物，其中铅主要来源于交通尾气、金属冶炼及铅酸蓄电池生产过程的废水、废渣，镉主要来源于冶炼废气、矿山及电镀废水、废渣。进入农田土壤后不但影响农作物生长，还会在蔬菜、稻米等农产品中积累，带来食品安全问题，是农田土壤重金属污染防治的主要对象。

（一）实验目的

（1）了解土壤中铅镉测定方法原理。

（2）掌握土壤重金属三酸消煮-原子吸收光谱法测定方法。

（二）实验原理

土壤样品经盐酸、硝酸、高氯酸完全消解后，矿物质和有机质被分解，其中铅、镉以离子形式进入消解溶液，用原子吸收光谱法测定。

原子吸收光谱法又称原子吸收分光光度分析法，是基于气态的基态原子外层电子对紫外线和可见光范围的相对应原子共振辐射线的吸收强度来定量被测元素含量为基础的分析方法，是一种测量特定气态原子对光辐射的吸收的方法。其基本原理是从空心阴极灯或光源中发射出一束特定波长的入射光，通过原子化器中

待测元素的原子蒸气时，部分被吸收，透过的部分经分光系统和检测系统即可测得该特征谱线被吸收的程度即吸光度，根据吸光度与该元素的原子浓度成线性关系，即可求出待测物的含量。

（三）实验仪器与材料

1. 实验器具

（1）原子吸收光谱仪。

（2）消煮管、塑料瓶、烧杯、小漏斗、250mL 分液漏斗、三角瓶、1L 容量瓶等。

（3）分析天平、电热板、0～300℃温度计。

2. 实验药品与材料

（1）浓硝酸（ρ＝1.42g/cm^3 优级纯）、高氯酸（ρ＝1.60g/cm^3 优级纯，质量 70%）、浓盐酸（ρ＝1.19g/cm^3 优级纯，质量 37%）、甲基异丁醇（优级纯）、碘化钾（优级纯）、抗坏血酸、硝酸铅（光谱纯）、高纯金属镉粒。

（2）铅镉污染土壤风干样品。

（四）实验内容与步骤

1. 实验试剂配置

（1）王水　浓硝酸与浓盐酸 1∶3 混合，用时现配。

（2）2mol/L 碘化钾溶液　称取碘化钾 333.4g 溶于水中，水稀释至 1L，储存于棕色瓶中。

（3）抗坏血酸溶液　称取抗坏血酸 5.0g 溶于少量水中，稀释至 100mL，用时现配。

（4）0.1mol/L 盐酸溶液　吸取浓盐酸 8.3mL，加水稀释至 1L。

（5）0.1mol/L 硝酸溶液　吸取浓硝酸 6.3mL，加水稀释至 1L。

（6）1000μg/mL 铅标准储备液　称取经 105～110℃烘干的硝酸铅 1.598g 溶于 0.1mol/L 硝酸溶液，转入 1L 容量瓶，用硝酸溶液定容，存于塑料瓶中。

（7）1000μg/mL 镉标准储备液　称取高纯金属镉 1.00g 溶于 20mL 盐酸（1∶1）溶液，转入 1L 容量瓶，用 0.1mol/L 盐酸溶液定容，存于塑料瓶中。

（8）10μg/mL 铅、1μg/mL 镉混合标准溶液　分别吸取铅、镉标准储备液 10mL、1mL 于 1L 容量瓶中，用 0.1mol/L 盐酸溶液定容，存于塑料瓶中。

2. 土壤铅镉测定

（1）土壤样品处理　用分析天平准确称取过 0.149mm 孔筛的风干土样 5.000g，置于 150mL 三角瓶中，用少量水润湿样品，加王水 20mL，轻轻摇匀，盖上小漏斗，放于电热板上，在通风橱中低温加热至微沸（140～160℃），待棕色氮氧化物基本赶走后，取出冷却。沿壁加入高氯酸 15mL，继续加热消化产生白色浓烟（挥发的高氯酸），三角瓶中样品呈灰白色糊状，取下冷却。用水约20mL冲洗容器内壁，摇匀，用中速定量滤纸过滤到100mL容量瓶中，再用热水冲洗残渣3～4次，冷却后用水定容。同时做不加土样的空白试验。另取样品烘干至恒重后测定含水率。

（2）铅、镉标准曲线绘制　分别吸取10μg/mL铅、1μg/mL镉混合标准溶液0、2.50mL、5.00mL、7.50mL、10.00mL、12.50mL于50mL容量瓶中，用0.1mol/L盐酸溶液定容，即为铅：0、0.5μg/mL、1.0μg/mL、1.5μg/mL、2.0μg/mL、2.5μg/mL标准系列溶液和镉：0、0.05μg/mL、0.10μg/mL、0.15μg/mL、0.20μg/mL、0.25μg/mL标准系列溶液。

6个250mL分液漏斗中加入0.1mol/L盐酸溶液100mL，然后分别吸取上述6个标准溶液50mL加入混匀。向每个漏斗中加入2mol/L碘化钾溶液10mL，摇匀，加入抗坏血酸溶液5mL摇匀，准确加入甲基异丙酮溶液10mL，加塞，用力振摇1min，静置分层，弃去下层水相，把有机相放入小试管中加塞。用甲基异丙酮调节仪器零点，按原子吸收光谱仪测定条件，用铅、镉空心阴极灯分别在283.3nm和228.8nm，把有机相喷入空气-乙炔火焰，读取吸收值，绘制标准曲线。

（3）消煮液铅镉测定　吸取50mL消煮后滤液加入已预先装入100mL 0.1mol/L盐酸溶液的250mL分液漏斗中，然后按标准曲线步骤测定消煮液的吸光值，根据标准曲线查出相应浓度含量。

（五）实验结果与分析

（1）根据以下公式计算测试土壤样品中铅、镉含量。

$$土壤铅或镉(mg/kg)=\frac{\rho\times10\times2}{mk}$$

式中　ρ——测定液液中的铅或镉浓度，μg/mL；

10——用于测定的消煮滤液体积（萃取后体积），10mL；

2——所有样品消煮液与用于测定消煮液的比（100/50=2）；

k——测试风干样品的含水率。

（2）计算所分析测定土样中铅、镉含量。

（3）分析实验过程中可能出现较大人为操作误差之处。

（六）注意事项

消煮时王水和高氯酸的加入量根据样品有机质的含量确定，有机物含量较高的土壤增加王水和高氯酸加入量。

样品消煮温度不能过高，温度超过250℃，高氯酸会大量冒烟，带走样品中的铅、镉。

实验五　土壤重金属污染物（铜、锌）的分析

铜、锌是植物生长所必需的微量营养元素，但土壤过量的铜、锌也会影响农作物生长，并在农产品中富集，食品中较高浓度的铜、锌对人体健康有害。土壤中铜、锌主要来源于铜锌矿的开采和冶炼、金属加工、机械制造、钢铁生产等产生的三废，是农田土壤重金属污染防治的主要对象。

（一）实验目的

（1）了解土壤中铜、锌测定方法原理。

（2）掌握土壤重金属盐酸、硝酸、氢氟酸、高氯酸消煮-原子吸收光谱法测定方法。

（二）实验原理

土壤样品中的铜、锌必须经强酸氢氟酸、高氯酸完全消解后，才能以离子形式进入消解溶液，用原子吸收光谱法测定。

（三）实验仪器与材料

1. 实验器具

（1）原子吸收光谱仪。

（2）聚四氟乙烯坩埚、塑料瓶、烧杯、小漏斗、250mL 分液漏斗、三角瓶、1L 容量瓶等。

（3）分析天平、电热板、0～300℃温度计。

2. 实验药品与材料

（1）浓硝酸（ρ=1.42g/cm^3 优级纯）、高氯酸（ρ=1.60g/cm^3 优级纯）、浓盐酸（ρ=1.19g/cm^3 优级纯）、氢氟酸（ρ=1.49g/cm^3 优级纯）、硝酸镧、高纯金属铜粒、锌粒。

（2）铜、锌污染土壤风干样品。

（四）实验内容与步骤

1. 实验试剂配置

（1）5%硝酸镧水溶液　称取 5g 硝酸镧，溶于 100mL 水中。

（2）硝酸（1∶1）溶液　浓硝酸与等体积水混合。

（3）0.2%硝酸溶液　吸取浓硝酸 2mL，加水稀释至 1L。

（4）1000μg/mL 铜标准储备液　称取经高纯铜 1.00g 溶于 20mL 1∶1 硝酸溶液中，温热，待完全溶解后转入 1L 容量瓶，用水定容。

（5）1000μg/mL 锌标准储备液　称取高纯金属锌 1.00g 溶于 20mL 1∶1 硝酸溶液，溶解后，转入 1L 容量瓶，用水定容。

（6）20mg/L 铜、10mg/L 锌混合标准溶液：分别吸取铜、锌标准储备液 1mL、0.5mL 于 50mL 比色管中，用 0.2%的硝酸溶液定容，摇匀。

2. 土壤铜锌测定

（1）土壤样品处理 用分析天平准确称取过0.149mm孔筛的风干土样0.5g（精确至0.0002g）于50mL聚四氟乙烯坩埚中，用水润湿后分别加入10mL浓盐酸，于通风橱内的电热板上低温加热，使样品初步分解，待蒸发至剩3mL左右时，取下稍冷，然后加入5mL浓硝酸，5mL氢氟酸，3mL高氯酸，加盖后于电热板上中温加热。1h后，开盖，继续加热除硅，为了达到良好的除硅效果，应经常摇动坩埚，当加热至冒浓厚白烟时，加盖，使黑色有机碳化合物分解。待坩埚壁上的黑色有机物消失后，开盖赶走高氯酸白烟并蒸至内容物呈黏稠状。视消解情况可再加入3mL浓硝酸，3mL氢氟酸，1mL高氯酸，重复上述消解过程。当白烟再次基本冒尽且坩埚内容物呈黏稠状时，取下稍冷，用水冲洗坩埚盖和内壁，并加入1mL 0.2%硝酸溶液温热溶解残渣。然后将溶液转移至50mL容量瓶中，加入5mL 5%硝酸镧水溶液，冷却后用定容至标线，摇匀，待测。同时做不加土样的空白试验。另取样品烘干至恒重后测定含水率。

（2）铜、锌标准曲线绘制 分别吸取20mg/L铜、10mg/L锌混合标准溶液0、0.50mL、1.00mL、2.00mL、3.00mL、5.00mL于50mL容量瓶中，用0.2%硝酸溶液定容，即为铜：0、0.2mg/L、0.4mg/L、0.8mg/L、1.2mg/L、2.0mg/L标准系列溶液和锌：0、0.10mg/L、0.20mg/L、0.40mg/L、0.60mg/L、1.00mg/L标准系列溶液。

按原子吸收光谱仪测定条件，用铜、锌空心阴极灯分别在324.8nm、213.9nm，把各浓度溶液喷入空气-乙炔火焰，读取吸收值，绘制标准曲线。

（3）消煮液铜锌测定 吸取50mL消煮后的消煮液测定吸光值，根据标准曲线查出相应浓度含量。

（五）实验结果与分析

（1）根据以下公式计算测试土壤样品中铜、锌含量。

$$\text{土壤铜或锌(mg/g)}=\frac{\rho\times 50\times 10^{-3}}{mk}$$

式中 ρ——测定液中的铜或锌浓度，mg/L；

50——用于测定的消煮液体积，50mL；

m——测试土样风干重，g；

k——测试风干样品的含水率，%。

（2）计算所分析测定土样中铜、锌含量。

（3）分析实验过程中可能出现较大人为操作误差之处。

（六）注意事项

由于土壤种类较多，所以有机质差异较大，在消解时要注意观察，各种酸的用量可视消解情况酌情增减。土壤消解液应呈白色或淡黄色（含铁量高的土壤），没有明显的沉积物存在。

实验六　土壤或底泥重金属污染物汞的分析

汞是地壳中含量较少的元素，土壤中自然分布含量非常低，但来自氯碱、塑料、电池、电子等工业排放的废水以及废旧医疗器械的汞会由于处理不当进入土壤，导致土壤汞污染，无机汞可在微生物作用下发生转化变为有机汞，有机汞极易随生物链富集，世界著名的环境事件“水俣病”就是由于河流底泥汞污染引起，在有含汞废弃物排放的区域，土壤或水体底泥中的汞是重点监控的污染物。

（一）实验目的

（1）了解土壤或底泥中汞测定方法原理。

（2）掌握汞测定的硫酸-五氧化二钒消煮——冷原子吸收光谱法。

（二）实验原理

土壤样品经硫酸-五氧化二钒消煮，各形态汞都变成了汞离子，在酸性条件下再用氯化亚锡将汞离子还原为汞蒸气，以氮气或干燥清洁空气为载气，将汞吹出进入冷原子吸收仪测定。因为汞在常温下容易挥发，不能加热，所以称为冷原子吸收法。而汞原子对波长253.7nm的紫外线具有强烈的吸收作用，在一定浓度范围其吸收大小与汞原子浓度的关系符合朗伯-比尔定律，与标准系列比较定量测定。

（三）实验仪器与材料

1. 实验器具

（1）冷原子吸收测汞仪、电热砂浴锅。

（2）汞反应瓶、烧杯、小漏斗、三角瓶、1L容量瓶等。

（3）分析天平、电热板、0～300℃温度计。

2. 实验药品与材料

（1）浓硝酸（$\rho=1.42g/cm^3$ 优级纯）、高氯酸（$\rho=1.60g/cm^3$ 优级纯）、浓硫酸（$\rho=1.84g/cm^3$ 优级纯）、五氧化二钒、氯化亚锡、氯化汞、重铬酸钾。

（2）汞污染土壤风干样品。

（四）实验内容与步骤

1. 实验试剂配置

（1）硫酸硝酸混合液1∶1　硫酸硝酸体积比1∶1混合。

（2）硝酸重铬酸钾溶液　称取重铬酸钾0.5g溶于水，加入浓硝酸50mL。用水稀释到1L。

（3）1mol/L硫酸溶液　吸取浓硫酸10mL缓慢加入水中，加水稀释至1L。

（4）300g/L氯化亚锡溶液　称取氯化亚锡30g溶于100mL 1mol/L硫酸溶

液中，温热，待完全溶解后稀释到1L，通氮气或放置半天后使用。

(5) 100μg/mL汞标准储备液　称取氯化汞0.1354g溶于硝酸重铬酸钾溶液，溶解后，转入1L容量瓶，用硝酸重铬酸钾溶液定容。

(6) 0.1μg/mL汞标准溶液　吸取汞标准储备液0.5mL于50mL比色管中，用硝酸重铬酸钾溶液定容，摇匀。

2. 土壤汞测定

(1) 土壤样品处理　用分析天平准确称取过0.149mm孔筛的风干土样1g(精确至0.0002g)于100mL三角瓶中，加入五氧化二钒50mg，加入10mL浓硝酸，瓶口插小漏斗，摇匀，放于通风橱电热砂浴上(140℃)加热保持微沸5min，冷却。加入浓硫酸10mL，继续在沙浴上加热15min(180℃)，直至冒二氧化硫白烟，并赶尽棕色二氧化氮气体，土样呈灰白色(溶液为黄色)，冷却，然后用1mol/L硫酸溶液10mL冲洗小漏斗及瓶内壁，消煮液呈蓝绿色。拿掉漏斗，加热煮沸10min，赶尽氮氧化物。冷却后将消煮液及残渣全部转入100mL容量瓶中，用水冲洗三角瓶3次，洗涤液均转入容量瓶，用水定容，待测，同时做不加土样的空白试验。另取样品烘干至恒重后测定含水率。

(2) 汞标准曲线绘制　分别吸取0.1μg/mL汞标准溶液0、1.00mL、2.00mL、4.00mL、6.00mL、8.00mL、10.00mL于7个汞反应瓶中，用1mol/L硫酸溶液稀释至25mL，配成汞0、4.0ng/mL、8.0ng/mL、16.0ng/mL、32.0ng/mL、40.0ng/mL标准系列溶液，每个标准液加入300g/mL氯化亚锡溶液2mL，立即盖上瓶盖，读取测汞仪数据，绘制标准曲线。

(3) 消煮液汞测定　吸取10mL消煮液，根据标准曲线步骤测定吸光值，根据标准曲线查出相应汞浓度含量。

(五) 实验结果与分析

(1) 根据以下公式计算测试土壤样品中汞含量。

$$\text{土壤汞}(\mathrm{mg/g})=\frac{(\rho-\rho_0)\times 20\times 10\times 10^{-3}}{mk}$$

式中　ρ——土壤测定液中的汞浓度，ng/mL；

ρ_0——空白测定液中的汞浓度，ng/mL；

20——测定液体积，20mL；

10——消煮液体积(100mL)与测定时吸取的消煮液体积(10mL)之比；

m——测试土样风干重，g；

k——测试风干样品的含水率，%。

(2) 计算所分析测定土样中汞含量。

(3) 分析实验过程中可能出现较大人为操作误差之处。

(六)注意事项

玻璃对汞有吸附作用，所有玻璃器皿使用前后都需在10%硝酸溶液中浸泡一夜，蒸馏水洗净后备用。土样消煮时尽量除去氮氧化物，否则导致结果偏低。增加氯化亚锡用量可使氮氧化物迅速还原，排除干扰。

实验七　土壤类金属砷的分析

砷是非金属元素，但具有重金属的特性，通常被称为类金属，主要以各种砷酸盐化合物形式存在，对人体具有较强的毒性。土壤环境中砷主要来源于矿产开采、冶炼、农药化学品使用等。砷酸盐可随氧化还原电位变化而变化，具有较活跃的迁移转化特性，在含砷矿山开采区域附近的农田，特别是稻田土壤中砷是重点监控的污染物。

(一)实验目的

(1)了解土壤砷测定方法原理。

(2)掌握砷测定的二乙基二硫代氨基甲酸银比色法。

(二)实验原理

土壤样品经硫酸-硝酸-高氯酸消煮后，各形态砷都变成了五价砷酸根离子，在酸性条件下五价砷经碘化钾和氯化亚锡作用下被还原为三价砷，再跟硫酸与锌粒作用后，被还原为砷化氢气体，可以与二乙基二硫代氨基甲酸银反应生成深红色络合物，在540nm的波长下具有最大吸收，在一定浓度范围其吸收大小与砷浓度的关系符合比尔定律，与标准系列比较可定量测定。

(三)实验仪器与材料

1. 实验器具

(1)砷化氢发生器、分光光度计。

(2)开式瓶、烧杯、小漏斗、三角瓶、棕色瓶、1L容量瓶等。

(3)分析天平、电热板、0～300℃温度计。

2. 实验药品与材料

(1)浓硝酸(ρ=1.42g/cm^{3}优级纯)、高氯酸(ρ=1.60g/cm^{3}优级纯)、浓硫酸(ρ=1.84g/cm^{3}优级纯)、三氧化二砷、浓盐酸、氢氧化钠、碘化钾、氯化亚锡、二乙基二硫代氨基甲酸银、氯仿、三氯乙醇胺、乙酸铅、无砷锌粒、锡粒、脱脂棉。

(2)砷污染土壤风干样品。

(四)实验内容与步骤

1. 实验试剂配置

(1)硫酸(1∶1)溶液　硫酸与水等体积混合。

(2)硝酸-高氯酸混合酸　硝酸与高氯酸体积比4∶1混合。

(3) 300g/L 碘化钾溶液　称取碘化钾 20g 溶于水，稀释至 100mL，储存于棕色瓶中，或临用时现配。

(4) 400g/L 氯化亚锡溶液　称取氯化亚锡 40g 溶于 40mL 浓盐酸中，加水稀释到 100mL，加入 3～5 粒金属锡粒，储存于棕色瓶中。

(5) 100g/L 乙酸铅溶液　称取 100g 乙酸铅中溶于水中，定容至 1L。

(6) 乙酸铅棉花　脱脂棉浸入 100g/L 乙酸铅中，2h 后取出，待其自然干燥，储存于密封容器中。

(7) 二乙基二硫代氨基甲酸银-三氯乙醇胺-氯仿溶液　称取二乙基二硫代氨基甲酸银 0.25g，研碎后用少量氯仿溶解，加入三氯乙醇胺 1mL，再用氯仿稀释至 100mL，静置，过滤至棕色瓶中，储存于冰箱中。

(8) 100μg/mL 砷标准储备液　称取三氧化二砷 0.1320g，加入 100g/L 氢氧化钠溶液 1.2mL，转入 1L 容量瓶，水定容。

(9) 1μg/mL 砷标准溶液　吸取汞标准储备液 1mL 于 100mL 容量瓶中，用水定容，摇匀，现用现配。

2. 土壤砷测定

(1) 土壤样品处理　用分析天平准确称取过 0.5mm 孔筛的风干土样 5g，置于 250mL 开式瓶中，先加入少量水润湿样品，开式瓶置于通风处电热板上，加几粒玻璃珠，加入硝酸-高氯酸混合酸（4∶1）15mL，放置 10min，缓慢加热 5min，冷却，沿瓶壁加入浓硫酸 10mL，继续加热至瓶中溶液开始变成棕色时，不断沿壁滴加硝酸-高氯酸混合酸至有机质完全分解，提高加热功率至产生白烟，溶液澄清或略带黄色，冷却，操作过程中注意防止爆炸。加 20mL 水煮沸，除去残余硝酸至产生白烟为止，此过程进行两次，冷却，将消煮液转移到 50mL 容量瓶中，并用水冲洗开式瓶，洗液一并转入，用水定容，待测，同时做不加土样的空白试验。另取样品烘干至恒重后测定含水率。

(2) 砷标准曲线绘制　分别吸取 1μg/mL 砷标准溶液 0、1.00mL、2.00mL、3.00mL、4.00mL、5.00mL 于 6 个砷化氢发生瓶中，加水至 40mL，再加硫酸（1∶1）溶液 15mL，碘化钾溶液 5mL，氯化亚锡溶液 2mL，摇匀，放置 15min。向发生瓶吸收管中分别加二乙基二硫代氨基甲酸银-三氯乙醇胺-氯仿溶液 5mL，称量 5g 锌粒，插入塞有乙酸铅棉花的导气管，迅速向发生瓶中倾入称好的锌粒，并塞紧瓶塞，检查是否漏气，在室温下反应 1h，最后用氯仿将吸收液体积补到 5mL，在 1h 内 540nm 波长下比色，测定吸收液吸光度，绘制标准曲线。

(3) 消煮液砷测定　分别吸取 50mL 土样和空白消煮液于砷化氢发生瓶中，根据标准曲线步骤测定吸光度，根据标准曲线查出相应砷浓度含量。

（五）实验结果与分析

（1）根据以下公式计算测试土壤样品中砷含量。

$$土壤汞(mg/g)=\frac{(\rho-\rho_0)\times 50\times 10^{-3}}{mk}$$

式中 ρ——土壤测定液中的砷浓度，μg/mL；

ρ_0——空白测定液中的砷浓度，μg/mL；

50——测定液体积，50mL；

m——测试土样风干重，g；

k——测试风干样品的含水率，%。

（2）计算所分析测定土样中砷含量。

（3）分析实验过程中可能出现较大人为操作误差。

（六）注意事项

消煮时，酸液滴加顺序不能颠倒，不要先加硫酸，会使样品脱水碳化，后续处理困难。

砷发生瓶反应之前，每加一种试剂都要摇匀。

吸收液吸收砷化氢后，在1h内是稳定的，应抓紧测定，之后结果不准确。

实验八　土壤残留有机氯农药分析

有机氯农药是最常用的化学农药类型之一，主要分为以苯为原料和以环戊二烯为原料的两大类。以苯为原料的有机氯农药包括使用最早、应用最广的杀虫剂DDT和六六六，以及六六六的丙体制品林丹、DDT的类似物甲氧DDT、乙滴涕，也包括从DDT结构衍生而来、生产量较小、品种繁多的杀螨剂，如杀螨酯、三氯杀螨砜、三氯杀螨醇。以环戊二烯为原料的有机氯农药包括作为杀虫剂的氯丹、七氯、硫丹、狄氏剂、艾氏剂、异狄氏剂、碳氯特灵等。有机氯农药施用后大量残留在土壤中，并随食物链富集，具有非常大的危害，其在土壤环境中的迁移转化一直是土壤有机污染防治研究的重点。

（一）实验目的

（1）了解土壤中有机氯农药测定方法原理。

（2）掌握有机氯化合物测定的萃取-纯化-气相色谱测定。

（二）实验原理

实验选择典型的有机氯农药六六六和滴滴涕（DDT）为代表，用索氏提取器萃取后，利用凝胶色谱净化，浓缩后被测组分进入气相色谱分离，用质谱仪进行检测，通过与待测目标物标准质谱图相比较和保留时间进行定性，用外标法定量。

（三）实验仪器与材料

1. 实验器具

（1）气相色谱仪，具有电子捕获检测器。

（2）色谱柱：填充柱 1～2 只（硅质玻璃），长度为 1.8～2.0m，内径2～3.5mm。

（3）K-D 浓缩器：50mL 梨形瓶下部连接具有 1mm 刻度底瓶。

（4）索氏抽提器（100mL）、分液漏斗（250mL）、微量注射器、1L 玻璃广口瓶、烧杯、1L 容量瓶等。

（5）水浴锅、振荡器。

2. 实验药品与材料

（1）载气：氮气，纯度 99%，氧含量小于 5μL/L。

（2）石油醚（沸程 30～60℃，浓缩 50 倍后色谱测定无干扰）。

（3）浓硫酸（$\rho=1.84g/cm^3$，优级纯）、丙酮（优级纯）。

（4）六六六、DDT 标准物质：α-六六六、β-六六六、γ-六六六、δ-六六六、p,p'-DDE、o,p'-DDE、p,p'-DDD、p,p'-DDT，纯度 98%～99%，色谱纯。

（5）填充色谱柱担体：ChromosorbW AW DMCS，80～100 目。

（6）填充色谱柱固定液：含 50%苯基甲基硅酮（OV-17），最高使用温度 350℃；氟代烷基硅氧烷聚合物（QF-1），最高使用温度 250℃。

（7）无水硫酸钠（优级纯）、丙酮、异辛烷（色谱纯）、苯（优级纯）、硫酸钠、硅藻土、脱脂棉。

（8）六六六、DDT 污染土壤风干样品。

（四）实验内容与步骤

1. 实验试剂配置

（1）20g/L 硫酸钠溶液　称取 20g 硫酸钠溶于 1L 水，使用前用石油醚提取 3 次，溶液与石油醚之比为 10∶1。

（2）2%硫酸钠溶液　称取 2g 硫酸钠溶于 100mL 水。

（3）石油醚-丙酮混合液　石油醚和丙酮体积比 1∶1 混合。

（4）六六六、DDT 标准储备液　称取每种标准物质 100mg（精确到 1mg），溶于异辛烷（β-六六六先用少量苯溶解），在 100mL 容量瓶中定容。

（5）标准中间溶液　8 种标准物质储备液，分别按以下体积吸取后转移到一个 100mL 容量瓶中用异辛烷定容：

α-六六六 2mL；β-六六六 2mL；γ-六六六 7mL；δ-六六六 2mL；p,p'-DDE 6mL；o,p'-DDE 10mL；p,p'-DDD 6mL；p,p'-DDT 16mL。

（6）标准使用液　根据检测器灵敏度及线性要求，用石油醚稀释中间溶液，制备几种浓度标准使用液。

2. 色谱柱处理

(1) 预处理　经水冲洗后，在玻璃柱管内注满热洗液（60～70℃）。浸泡4h，然后用水冲洗至中性，再用蒸馏水冲洗，烘干后进行硅烷化处理，将6%～10%的二氢二甲基硅烷甲醇溶液注满玻璃柱管，浸泡2h，然后用甲醇清洗至中性，烘干备用。

(2) 涂渍固定液　根据担体重量称取一定量的固定液，溶在三氯甲烷中，待完全溶解后，倒入盛有担体的烧杯中，再向其中加入三氯甲烷至液面高出1～2cm，摇匀后浸泡2h。然后在红外灯下将溶剂挥发干或在旋转蒸发器上慢速蒸干，再置于120℃烘箱中，放置4h后备用。

(3) 色谱柱填充　将色谱柱连接检测器的一端用硅烷化玻璃棉塞住，接真空泵，另一端接漏斗，开动真空泵后将固定相徐徐倾入色谱柱内，并轻轻拍打色谱柱，使固定相在色谱柱内填充紧密，至固定相不再抽入为止，装填完毕后，用硅烷化玻璃棉塞住色谱柱另一端。

(4) 色谱柱老化　将填充好的色谱柱进口按正常接在汽化室上，出口空着不接检测器，先用较低载气流速，在略高于实际使用温度而不超过固定液的使用温度下处理4～6h。然后，逐渐提高温度，载气流速老化24～48h，再降至使用温度，接上检测器后，如基线稳定即可使用。

3. 土壤有机氯农药测定

(1) 土壤样品处理　用分析天平准确称取过0.3mm金属筛的风干土样20.0g，置于小烧杯中，加入2mL水、4g硅藻土，充分混合后全部移入滤纸筒内卷起，移入索氏抽提器中，加100mL石油醚-丙酮（1∶1）浸泡土样12h后，在75～95℃恒温水浴上加热提取4h，待冷却后，将提取液移入300mL的分液漏斗中，用10mL石油醚分3次冲洗提取器及烧瓶，将洗液并入分液漏斗中，加入100mL硫酸钠溶液，振摇1min，静止分层后，弃去下层丙酮水溶液，留下石油醚提取液净化。

(2) 浓硫酸净化　分液漏斗中加入10mL浓硫酸，振摇1min后，弃去硫酸层（注意：用硫酸净化过程中，要防止热爆炸，加硫酸后，开始慢慢振摇，不断放气，然后再剧烈振摇），上述步骤重复多次，直至加入石油醚提取液二相界面清晰均呈无色透明时止。然后向弃去硫酸层的石油醚提取液中加入其体积1/2左右的硫酸钠溶液，振摇十余次。待其静置分层后弃去水层，如此重复至提取液呈中性时止（一般2～4次），石油醚提取液再经装有少量无水硫酸钠的桶形漏斗脱水，滤入适当规格的容量瓶中，定容，待测。

(3) 色谱测定条件

① 仪器调整　汽化室温度220℃，柱温度195℃，检测器温度245℃，载气

流速 40～70mL/min，根据仪器情况选用，记录仪纸速：5mm/min，衰减：根据样品中被测组分含量适当调节记录器衰减。

② 校准：使用标准样品周期性重复校准，视仪器的稳定性决定周期长短，若仪器稳定，可以测定 4～5 个试样校准一次。

③ 标准工作液配制　根据检测器的灵敏度及线性要求，用石油醚稀释标准中间液，配制成几种浓度的标准工作液。

④ 标准液使用条件　标准液进样体积与试样进液体积相同，标准样品响应值接近试样响应值；一个样品连续注射进样两次，其峰高偏差不大于 7%，即认为仪器处于稳定状态；标准样品与试样尽可能同时进样分析。

⑤ 校准数据的表示　试样中组分按下式校准：

$$X_i = \frac{A_i}{A_E} \times E_i$$

式中　X_i——试样中组分 i 的含量，mg/kg；

E_i——标准样中组分 i 的含量，mg/kg；

A_i——试样中组分 i 的峰高，cm；

A_E——标准样中组分 i 的峰高，cm。

（4）进样试验　用清洁注射器在待测样品中抽吸几次，排除所有气泡后，抽取 3～6μL 样品迅速注射入色谱仪中，并立即拔出注射器。

（5）定性分析　组分的出峰次序：α-六六六、β-六六六、γ-六六六、δ-六六六、p,p'-DDE、o,p'-DDE、p,p'-DDD。

（6）检验可能存在的干扰　采用双柱定性，用另一根填充条件相同的色谱柱进行准确检验色谱分析，可确定各组分有无干扰。

（7）定量分析　色谱峰的测量，以峰的起点和终点的连线作为峰底，以峰高极大值对时间轴做垂线，对应的时间即为保留时间，此线从峰顶到峰底的垂直距离即为峰高。

（五）实验结果与分析

（1）根据以下公式计算测试土壤样品中各有机氯农药组分含量。

$$\text{土壤有机氯农药组分(mg/kg)} = \frac{h_i \times W_{is} \times V}{h_{is} \times V_i \times G}$$

式中　h_i——测定液中组分 i 的峰高，cm；

W_{is}——标样中组分 i 的绝对量，ng；

V——土壤提取液定容体积，mL；

h_{is}——标样中组分 i 的峰高，cm；

V_i——样品的进样量，μL；

G——样品的质量，g。

（2）计算所分析测定土样中各有机氯组分的含量。

（3）分析实验过程中可能出现较大人为操作误差之处。

（六）注意事项

有机溶剂经过重蒸，浓缩20倍用气相色谱测定无干扰峰。

土壤样品采集后应尽快分析，若暂不分析，在−18℃冰箱中保存，避免其中的有机物挥发、分解。

实验九　土壤残留有机磷农药分析

除有机氯农药外，有机磷农药也是应用比较广泛的化学农药类型，主要有磷酸酯和硫代磷酸酯两大类，品种多样，常见的有：对硫磷、敌敌畏、甲基对硫磷、敌百虫、乐果、马拉硫磷等。毒性大、难降解的有机氯农药被禁止使用后，有机磷农药作为替代开始大量生产使用，有些种类具有更高的毒性，施用后会大量残留在土壤中，对土壤微生物等具有较大的危害，其在土壤环境中的迁移转化一直是土壤有机污染防治研究的重点。

（一）实验目的

（1）了解土壤中有机磷农药测定方法原理。

（2）掌握有机磷化合物测定的萃取-纯化-气相色谱测定。

（二）实验原理

实验选择典型的有机磷农药速灭磷、甲基对硫磷、稻丰散等为代表，用索氏提取器萃取后，利用凝胶色谱净化，浓缩后被测组分进入气相色谱分离，用质谱仪进行检测，通过与待测目标物标准质谱图相比较和保留时间进行定性，用外标法定量。

（三）实验仪器与材料

1. 实验器具

（1）气相色谱仪，带氮磷检测器。

（2）色谱柱：填充柱1～2只（硬质玻璃），长度为1～1.5m，内径2～3mm。

（3）K-D浓缩器：50mL梨形瓶下部连接具有1mm刻度底瓶。

（4）索氏抽提器（100mL）、布氏漏斗（250mL）、分液漏斗（500mL）、250mL平底烧瓶、桶形漏斗、微量注射器、1L玻璃广口瓶、烧杯、1L容量瓶、旋转蒸发器、水浴锅、振荡器、真空泵等。

2. 实验药品与材料

（1）载气：氮气，纯度99%，氧含量小于5μL/L。

（2）二氯甲烷、三氯甲烷、丙酮、乙酸乙酯、磷酸（85%）、氯化铵、氯化钠、石油醚（沸程30～60℃，浓缩50倍后色谱测定无干扰）。

（3）无水硫酸钠：300℃烘干 4h 备用。

（4）有机磷农药标准品：速灭磷、甲基对硫磷、稻丰散，含量 95%～99%。

（5）填充色谱柱担体：Chromosorb Q，80～100 目。

（6）填充色谱柱固定液：含 50%苯基甲基聚硅氧烷（OV-17），最高使用温度 350℃；有机磷污染土壤新鲜样品（采回当天，保存在－18℃冰箱，采回后 7 天内）。

（四）实验内容与步骤

1. 实验试剂配置

（1）凝结液　20g 氯化铵和 85%磷酸 40mL 溶于 400mL 蒸馏水，稀释定容到 2L。

（2）80%丙酮　称取 80mL 丙酮溶于 100mL 水。

（3）0.5mg/mL 速灭磷、甲基对硫磷、稻丰散标准储备液　称取每种标准物质 50mg（精确到 1mg），溶于丙酮，分别在 100mL 容量瓶中定容。

（4）50μg/mL 标准中间溶液　分别吸取上述三种农药标准储备液 5mL 后转移到一个 50mL 容量瓶中，用丙酮定容，配制混合标准中间液。

（5）标准使用液　分别吸取上述 3 种农药标准中间液 10mL 后转移到一 100mL 容量瓶中，用丙酮定容，配制混合标准工作液。

2. 色谱柱处理

（1）预处理　经水冲洗后，在玻璃柱管内注满热洗液（60～70℃）。浸泡 4h，然后用水冲洗至中性，再用蒸馏水冲洗，烘干后进行硅烷化处理，将 6%～10%的二氢二甲基硅烷甲醇溶液注满玻璃柱管，浸泡 2h，然后用甲醇清洗至中性，烘干备用。

（2）涂渍固定液　根据担体重量称取一定量的固定液，溶在三氯甲烷中，待完全溶解后，倒入盛有担体的烧杯中，在向其中加入三氯甲烷至液面高出 1～2cm，摇匀后浸泡 2h。然后在红外灯下将溶剂挥发干或在旋转蒸发器上慢速蒸干，再置于 120℃烘箱中烘干 4h 备用。

（3）色谱柱填充　将色谱柱连接检测器的一端用硅烷化玻璃棉塞住，接真空泵，另一端接漏斗，开动真空泵后将固定相徐徐倾入色谱柱内，并轻轻拍打色谱柱，使固定相在色谱柱内填充紧密，至固定相不再抽入为止，装填完毕后，用硅烷化玻璃棉塞住色谱柱另一端。

（4）色谱柱老化　将填充好的色谱柱进口按正常接在汽化室上，出口空着不接检测器，先用较低载气流速，在略高于实际使用温度而不超过固定液的使用温度下处理 4～6h。然后，逐渐提高温度，载气流速老化 24～48h，再降至使用温度，接上检测器后，如基线稳定即可使用。

3. 土壤有机磷农药测定

（1）土壤样品处理　用分析天平准确称取过 0.3mm 金属筛的新鲜土样烘干测定含水量，然后另取 20.0g 新鲜土样，置于 300mL 具塞的锥形瓶中，加水，加入水量与土样含水量之和达到 20g（mL），摇匀后静置 10min，加入 80%丙酮 100mL 浸泡 7h，振荡 1h，布氏漏斗中铺 2 层滤纸及一层助滤剂，将提取液移入其中，减压抽滤，取 80mL 滤液转移入 500mL 分液漏斗中，加 3g 氯化钠，用 50mL、50mL、30mL 二氯甲烷分三次萃取，合并有机相，桶形漏斗内装 1g 无水硫酸钠和 1g 助滤剂，将萃取有机相转入干燥过滤，然后收集于 250mL 平底烧瓶中，加 0.5mL 乙酸乙酯在旋转蒸发器中浓缩至 10mL，移入 K-D 浓缩器中，在室温下用氮气吹至近干，丙酮定容 5mL，待测。

（2）色谱测定条件

① 仪器调整　汽化室温度 230℃，柱温度 200℃，检测器温度 250℃。载气流速：40～60mL/min，根据仪器情况选用。记录仪纸速：5mm/min。衰减：根据样品中被测组分含量适当调节记录器衰减。

② 校准　标准样品外标法定量使用标准样品周期性重复校准，视仪器的稳定性决定周期长短，若仪器稳定，可以测定 3～4 个试样校准一次。

③ 标准工作液配制　根据检测器的灵敏度及线性要求，用石油醚稀释标准中间液，配制成几种浓度的标准工作液。

④ 标准液使用条件　标准液进样体积与试样进液体积相同，标准样品响应值接近试样响应值；一个样品连续注射进样两次，其峰高偏差不大于 7%，即认为仪器处于稳定状态；标准样品与试样尽可能同时进样分析。

⑤ 校准数据的表示　试样中组分按下式校准：

$$X_i = \frac{A_i}{A_E} \times E_i$$

式中　X_i——试样中组分 i 的含量，mg/kg；

E_i——标准样中组分 i 的含量，mg/kg；

A_i——试样中组分 i 的峰高，cm；

A_E——标准样中组分 i 的峰高，cm。

4. 进样试验

用清洁注射器在待测样品中抽吸几次，排除所有气泡后，抽取 3～6μL 样品迅速注射入色谱仪中，并立即拔出注射器。

（1）定性分析　组分的出峰次序：速灭磷、甲基对硫磷、稻丰。

（2）检验可能存在的干扰　采用双柱定性，用另一根 5%OV-101/chromsor-bWHP，100～120 目色谱柱同样条件下进行准确检验色谱分析，可确定各组分有无干扰。

(3) 定量分析　色谱峰的测量，以峰的起点和终点的连线作为峰底，以峰高极大值对时间轴做垂线，对应的时间即为保留时间，此线从峰顶到峰底的垂直距离即为峰高。

(五) 实验结果与分析

(1) 根据以下公式计算测试土壤样品中各有机氯农药组分含量。

$$\text{土壤有机氯农药组分(mg/kg)}=\frac{h_i W_{is} V}{h_{is} V_i G}$$

式中　h_i——测定液中组分 i 的峰高，cm；

W_{is}——标样中组分 i 的绝对量，ng；

V——土壤提取液定容体积，mL；

h_{is}——标样中组分 i 的峰高，cm；

V_i——样品的进样量，μL；

G——样品的质量，g。

(2) 计算所分析测定土样中各有机氯组分的含量。

(3) 分析实验过程中可能出现较大人为操作误差之处。

(六) 注意事项

有机磷农药易分解，土样采集后不能及时分析，在－18℃冰箱中可保留 3～7 天。

有机溶剂要经过重蒸。

实验十　土壤阳离子交换量测定

土壤的阳离子交换性能是由土壤胶体表面性质所决定，由有机质的交换基与无机质的交换基所构成，前者主要是腐殖质酸，后者主要是黏土矿物。它们在土壤中互相结合着，形成了复杂的有机无机胶质复合体，所能吸收的阳离子总量包括交换性盐基（K^+、Na^+、Ca^{2+}、Mg^{2+}）和水解性酸，两者的总和即为阳离子交换量。其交换过程是土壤固相阳离子与溶液中阳离子起等量交换作用。

阳离子交换量的大小，对于土壤中离子太重金属污染物的迁移转化具有重要影响，是评价土壤重金属污染迁移转化能力的重要指标。

(一) 实验目的

(1) 了解土壤阳离子交换量测定方法原理。

(2) 掌握阳离子交换量 EDTA-铵盐快速法测定。

(二) 实验原理

本实验采用 EDTA-铵盐快速法测定土壤阳离子交换量，该法不仅适用于中性、酸性土壤，并且适用于石灰性土壤阳离子交换量测定的。采用 0.005mol/LEDTA 与 1mol/L 的乙酸铵混合液作为交换剂，在适宜的 pH 条件下（酸性土壤 pH=7.0，石灰性土壤 pH=8.5），这种交换络合剂可以与二价钙离子、镁离子和三价铁离子、铝离子进行交换，并在瞬间即形成为电离度极小而稳定性较大的络合物，不会破坏土壤胶体，加快了二价以上金属离子的交换速度。同时由于乙酸缓冲剂的存在，对于交换性氢和一价金属离子也能交换完全，形成铵质土，再用 95%酒精洗去过剩的铵盐，用蒸馏法测定交换量。对于酸性土壤的交换液，同时可以作为交换性盐基组成的待测液用。

（三）实验仪器与材料

1. 实验器具

架盘天平（500g）、定氮装置、开氏瓶（150mL）、离心机、离心管（100mL）、橡头玻璃棒、分析天平。

2. 实验药品与材料

（1）纯乙酸铵、EDTA、氢氧化铵、稀乙酸、95%酒精、硼酸、稀盐酸、浓盐酸、稀氢氧化钠、甲基红、溴甲酚绿、碘化钾、碘化汞。

（2）氧化镁（固体）：在高温电炉中经 500～600℃灼烧 30min，使氧化镁中可能存在的碳酸镁转化为氧化镁，提高其利用率，同时防止蒸馏时大量气泡发生。

（3）液态或固态石蜡。

（4）土壤风干样品。

（四）实验内容与步骤

1. 实验试剂配置

（1）0.005mol/L EDTA 与乙酸铵混合液　称取化学纯乙酸铵 77.09g 及 EDTA 1.461g，加水溶解后一起洗入 1000mL 容量瓶中，再加蒸馏水至 900mL 左右，以 1∶1 氢氧化铵和稀乙酸调至 pH=7.0 或 pH=8.5，然后再定容到刻度，即用同样方法分别配成两种不同酸度的混合液，备用。其中 pH=7.0 的混合液用于中性和酸性土壤的提取，pH=8.5 的混合液仅适用于石灰性土壤的提取用。

（2）2%硼酸溶液　称取 20g 硼酸，用热蒸馏水（60℃）溶解，冷却后稀释至 1000mL，最后用稀盐酸或稀氢氧化钠调节 pH 值至 4.5（定氮混合指示剂显酒红色）。

（3）定氮混合指示剂　分别称取 0.1g 甲基红和 0.5g 溴甲酚绿指示剂，放于玛瑙研钵中，并用 100mL 95%酒精研磨溶解。此液应用稀盐酸或氢氧化钠调节 pH 值至 4.5。

(4) 纳氏试剂(定性检查用) 称氢氧化钠134g溶于460mL蒸馏水中;称取碘化钾20g溶于50mL蒸馏水中,加碘化汞使溶液至饱和状态(32g左右)。然后将以上两种溶液混合即可。

(5) 0.05mol/L盐酸标准溶液 取浓盐酸4.17mL,用水稀释至1000mL,用硼酸标准溶液标定。

2. 阳离子交换量测定

称取通过60目筛的风干土样1g(精确到0.01g),有机质含量少的土样可称2~5g,将其小心放入100mL离心管中。沿管壁加入少量EDTA-乙酸铵混合液,用带橡皮头的玻璃棒充分搅拌,使样品与交换剂混合,直到整个样品呈均匀的泥浆状态。再加交换剂使总体积达80mL左右,再搅拌1~2min,然后洗净带橡皮头的玻璃棒。

将离心管在托盘天平上成对平衡,对称放入离心机中离心3~5min,转速3000r/min左右,弃去离心管中的清液。然后将载土的离心管管口向下用自来水冲洗外部,用不含铵离子的95%酒精如前搅拌样品,洗去过剩的铵盐,洗至无铵离子反应为止。

最后用自来水冲洗管外壁后,在管内放入少量自来水,用带橡胶头的玻璃棒搅成糊状,并洗入150mL开氏瓶中,洗入体积控制在80~100mL左右,其中加2mL液状石蜡(或取2g固体石蜡)、1g左右氧化镁。然后在定氮仪进行蒸馏,同时进行空白试验。

(五) 实验结果与分析

(1) 根据以下公式计算测试土壤样品阳离子交换量。

$$阳离子交换量(mol/kg)=M(V-V_0)/m$$

式中 V——滴定待测液所消耗盐酸毫升数,mL;

V_0——滴定空白所消耗盐酸毫升数,mL;

M——盐酸的摩尔浓度,mol/L;

m——烘干土样质量。

(2) 计算所分析测定土样中阳离子交换量。

(3) 分析实验过程中可能出现较大人为操作误差。

第四节 土壤生物性质分析

实验一 土壤微生物多样性常规方法分析

土壤是最复杂、最丰富的微生物基因库,所含微生物不仅数量巨大,而且种类繁多,主要包括细菌、真菌和放线菌三大类。土壤微生物多样性与土壤肥力及土壤健康有着密切关系,在土壤形成与发育、物质转化与能量传递、污染物的降解等过程中发挥着重要作用，也是评价土壤环境质量的重要指标之一。土壤微生物多样性包括基因、物种、种群以及群落四个层面，当前研究也主要集中在物种多样性、功能多样性、结构多样性和遗传多样性四个方面。土壤微生物的物种多样性是指土壤中微生物的物种丰富度和均一度。传统的土壤微生物多样性的分析测定主要采用培养计数法，即根据在培养基上生长的菌落数来计算土壤微生物的数量，主要有稀释平板法和最大或然计数法。

（一）实验目的

（1）掌握土壤微生物数量计数的原理与方法。

（2）熟练掌握各种无菌操作和微生物接种技术。

（二）实验原理

在自然条件下，土壤中的大多数微生物处于休眠状态，一旦供给可利用的碳源（如培养基），一些微生物将快速生长繁殖。因此，根据在培养基上所生长的微生物数量，可以估算土壤中微生物的数量。这种土壤微生物数量测定方法称为培养计数法，主要包括稀释平板计数法（简称稀释平板法）和最大或然计数法（most probable number，MPN）。

稀释平板计数法的基本原理：平板菌落计数法是将土壤样品经适当稀释之后，其中的微生物充分分散成单个细胞，取一定量的稀释样液接种到平板上，经过培养，由每个单细胞生长繁殖而形成肉眼可见的菌落，即一个单菌落应代表原样品中的一个单细胞。统计菌落数，根据其稀释倍数和取样接种量即可换算出样品中的含菌数。但是，由于待测样品往往不易完全分散成单个细胞，所以，长成的一个单菌落也可能来自样品中的2～3或更多个细胞。因此平板菌落计数的结果往往偏低。为了清楚地阐述平板菌落计数的结果，现在已倾向使用菌落形成单位（cfu）而不以绝对菌落数来表示样品的活菌含量。

最大或然计数法的基本原理：假设被测定的微生物在稀释液中均匀分布，并在试管或平板上全部存活，随着稀释倍数的加大，稀释液中微生物的数量将越来越少，直到将某一稀释度的土壤稀释液接种到培养基上培养后，没有或很少出现微生物菌落。根据没有出现菌落的最低稀释度和出现菌落的最高稀释度，再用最大或然计数法计算出样品中微生物的数量。MPN法适用于测定在一个混杂的微生物群落中虽不占优势，但却具有特殊生理功能的类群。其特点是利用待测微生物的特殊生理功能的选择性来摆脱其他微生物类群的干扰，并通过该生理功能的表现来判断该类群微生物的存在和丰度。本法特别适合于测定土壤微生物中的特定生理群（如氨化、硝化、纤维素分解、固氮、硫化和反硫化细菌等）的数量和检测污水、牛奶及其他食品中特殊微生物类群（如大肠菌群）的数量，缺点是只适于进行特殊生理类群的测定，结果也较粗放，只有在因某种原因不能使用平板计数时才采用。

（三）实验器具与材料

（1）仪器　高压蒸汽灭菌器、无菌操作台、烘箱、天平、pH 计。

（2）器皿　酒精灯、培养皿、试管、定量移液器及其枪头、锥形瓶、量筒、烧杯、培养皿、锡铂纸、硅胶塞、报纸等。

（3）细菌培养基　采用牛肉膏蛋白胨培养基，配方组成及条件：牛肉膏 3g，蛋白胨 10g，NaCl 5g，琼脂 15～20g，水 1000mL，pH＝7.0～7.2，121℃灭菌 20min。

（4）放线菌培养基　采用高氏 1 号培养基，配方组成及条件：可溶性淀粉 20g，KNO_3 1g，NaCl 0.5g，K_2HPO_4 0.5g，$MgSO_4 \cdot 7H_2O$ 0.5g，$FeSO_4$ 0.01g，琼脂 20g，水 1000mL，pH＝7.2～7.4。配制时，先用少量冷水，将淀粉调成糊状，倒入煮沸的水中，在火上加热，边搅拌边加入其他成分，溶化后补足水分至 1000mL。121℃灭菌 20min。

（5）真菌培养基　采用马丁氏琼脂培养基，配方组成及条件：葡萄糖 10g，蛋白胨 5g，KH_2PO_4 1g，$MgSO_4 \cdot 7H_2O$ 0.5g，1/3000 孟加拉红（rose bengal，玫瑰红水溶液）100mL，琼脂 15～20g，pH 值自然，蒸馏水 800mL，121℃灭菌 30min。临用前加入 0.03% 链霉稀释液 10mL，使每毫升培养基中含链霉素 30μg。

（四）实验内容与步骤

1. 稀释平板计数法测定土壤环境中微生物的数量

（1）器皿的洗涤和包装

① 洗涤　将实验所用到的玻璃器皿先洗干净，烘干备用。

② 培养皿　将洗净晾干的培养皿皿底朝里，皿盖朝外，5 对、5 对相对而放好，然后用报纸包好，待灭菌（干热灭菌法）。

③ 试管、锥形瓶和不锈钢土壤取样器的包装　用锡铂纸包封好试管和锥形瓶瓶口，锡箔纸包裹土壤取样器，干热灭菌（160℃下烘 2h。待温度降到 100℃下后打开烘箱门冷却到 60℃后拿出）。

（2）培养基和稀释水的配制、灭菌　往干净的 1L 烧杯中加入 800mL 蒸馏水，按照各种培养基配方依次称取各种成分，依次加入水中加热溶解。待全部溶解后，加水补足因加热蒸发的水量（注意：加热过程中要不断搅拌培养基，不然琼脂很容易烧焦糊底）。然后用质量浓度为 100g/L 的 NaOH 溶液将配好的培养基的 pH 值调到 7.2～7.4（注意：调 pH 值时应缓慢加入 NaOH 溶液，并边加边搅拌）。最后，将培养基分装到三角瓶中，分装量一般不超过锥形瓶总容量的 3/5（若分装量过多，灭菌时培养基沾污棉花塞或硅胶塞而导致污染）。三角瓶的瓶口包上两层锡箔或塞上配套的硅胶塞，待湿热灭菌［放置于高压灭菌锅，121℃（0.103MPa）下灭菌15～20min］。

稀释水的准备：取7支18mm×180mm的试管，分别装9mL蒸馏水，塞上硅胶塞或封上锡箔纸，待湿热灭菌。

（3）土壤系列稀释液制备　称取新鲜土壤10.00g，放入经灭菌的装有90mL水的广口瓶中，塞上经灭菌的硅胶塞，在振荡机上振荡10min，此为10^{-1}土壤稀释液。迅速用灭菌的移液管吸取10^{-1}土壤稀释液1mL，放入灭菌的装有9mL灭菌水的试管中，混合均匀，此为10^{-2}土壤稀释液。再如此依次配制10^{-3}、10^{-4}、10^{-5}和10^{-6}系列土壤稀释液。上述操作均在无菌条件下进行，以避免污染。

（4）微生物的培养与计数

① 稀释平板涂布法　灭菌好的培养基冷却到50～60℃后，在无菌操作台上向已灭菌的培养皿中倾注18mL左右培养基，使凝固成平板。从两个稀释倍数的土壤稀释液中（细菌和放线菌通常用10^{-5}和10^{-6}土壤稀释液，真菌用10^{-2}和10^{-3}稀释液）用无菌枪头吸取0.10mL（吸前摇匀）滴加到培养基表面。将沾有少量酒精的涂布器在火焰上引燃，待酒精燃尽后，冷却8～10s。用涂布器将菌液均匀地涂布在培养基表面，涂布时可转动培养皿，使菌液分布均匀。

注意：将涂布器末端浸在盛有体积分数为70%的酒精的烧杯中。取出时，要让多余的酒精在烧杯中滴尽，然后将沾有少量酒精的涂布器在火焰上引燃。

② 稀释平板浇注法　从两个稀释倍数的土壤稀释液中（细菌和放线菌通常用10^{-5}和10^{-6}土壤稀释液，真菌用10^{-2}和10^{-3}稀释液）吸取1.00mL（吸前摇匀），分别放入五套培养皿中（注意每变换一次浓度需更换一支移液管）；再向培养皿内注入45～50℃的培养基10mL，立即混合均匀，静置凝固后，倒置放于培养箱中培养。细菌和放线菌在28℃下培养7～10天，真菌在25℃下培养3～5天。

③ 计数　在两级稀释度中，选细菌和放线菌的菌落数为30～200个、真菌菌落数为20～40个的培养皿各5个，取其平均值计算出每组的菌落数。如果菌落很多，可将其分成2～4等份进行计数。微生物生物量可以通过微生物细胞个体大小和密度计算得到。

$$\text{土壤微生物数量(cfu/g)} = MD/W$$

式中　M——菌落平均数；

D——稀释倍数；

W——土壤烘干质量，g。

2. 最大或然计数法（MPN）测定土壤环境中微生物的数量（见表 1-4）

（1）试剂配制 培养基配制与稀释平板法基本相同，只是培养基中不需要加入琼脂。

（2）操作步骤

① 称取 10g 土样，放入 90mL 无菌水中，振荡 20min，让菌充分分散，然后按十倍稀释法将供试土样制成 10^{-1}～10^{-6}的土壤稀释液。

② 将 22 支装有培养液的试管按纵 4 横 5 的方阵排列于试管架上，第一纵列的 4 支试管上标以 10^{-2}，第二纵列的 4 支试管上标以 10^{-3}，第三纵列的 4 支试管上标以 10^{-4}，第四纵列的 4 支试管上标以 10^{-5}，第五纵列的 4 支管上标以 10^{-6}（即采用 5 个稀释度，4 个重复），另外 2 支试管留做对照。

③ 用 1mL 无菌枪头按无菌操作要求吸取 10^{-6}的土壤稀释液各 1mL 放入编号 10^{-6}的 4 支试管中，再吸取 10^{-5}稀释液各 1mL 放入编号 10^{-5}的 4 支试管中，同法吸取 10^{-4}、10^{-3}、10^{-2}稀释液各 1mL 放入各自对应编号的试管中。对照管不加稀释液。

④ 将所有试管置 28～30℃培养 7 天后观察结果。

⑤ 精确称取 3 份 10g 新鲜土壤，放入称量瓶中，置 105～110℃烘 2h 后放入干燥器中，至恒重后称重，然后计算干土在土样中所占的质量分数。

表 1-4 几种主要土壤微生物生理群 MPN 计数方法

微生物生理群	培养基	稀释度	培养时间/d	主要检查方法
氨化细菌	蛋白胨氨化培养基	10^{-9}～10^{-6}	7	根据培养液加奈氏试剂后是否出现棕色或褐色，确定是否产生氨
亚硝酸细菌	铵盐培养基	10^{-7}～10^{-2}	14	根据培养液加格利斯试剂Ⅰ及Ⅱ的反应，出现绛红色证明有 NO_2^- 生成；或在培养中加锌碘淀粉试剂及体积分数为 20%的 H_2SO_4，若出现蓝色，证明有 NO_3^- 生成
硝酸细菌	亚硝酸盐培养基	10^{-6}～10^{-2}	14	根据培养液加入浓硫酸及二苯胺试剂后，是否出现蓝色，确定是否有 NO_3^- 生成
反硝化细菌	反硝化细菌培养基	10^{-8}～10^{-4}	14	根据杜氏小管有无气体，确定有无 N_2生成；利用格利斯试剂Ⅰ及Ⅱ和二苯胺试剂、浓硫酸检测有无 NO_2^- 生成及有无 NH_3 存在，判断反硝化作用进行情况

续表

微生物生理群	培养基	稀释度	培养时间/d	主要检查方法
自生固氮菌	阿须贝无氮培养基	10^{-6}～10^{-2}	7～14	根据培养液表面与滤纸接触处有无褐色或黏液状菌膜生成，判断有无好气性自生固氮菌生长
好气性纤维素分解菌	赫奇逊噬纤维培养基	10^{-5}～10^{-1}	7～14	根据各试管中滤纸条上有无黄色或橘黄色菌斑出现及滤纸断裂状况，确定有无好气性纤维素分解细菌的生长
厌气性纤维素分解菌	嫌气性纤维素分解细菌培养	10^{-5}～10^{-1}	14～21	根据各试管中滤纸条上有无穿洞、破裂、完全分解情况，确定有无嫌气性纤维素分解细菌的生长

（3）计算　通常将有微生物生长的最后3个稀释度中出现微生物菌落的平板数作为微生物生长指标，从最大或然数表中查出最大或然数近似值，按下列公式计算样品中的微生物数量：

$$土壤微生物数量(cfu/g)=MD/W$$

式中　M——最大或然数近似值；

D——全部出现菌落的最高稀释倍数；

W——土壤烘干质量，g。

例如，某土壤系列稀释液1mL接种到5个平板，经培养后，10^{-3}～10^{-5}的稀释液全部出现菌落；接种10^{-6}稀释液的5个平板只有4个出现菌落；接种10^{-7}稀释液的只有1个出现菌落；接种10^{-8}稀释液的全部没有菌落。由此得到土壤的微生物生长指标为541，查最大或然数表得到其最大或然数近似值为17，乘以第一位数的稀释倍数10^5，再除以土壤烘干质量即可得到土壤微生物数量。

微生物生长的数量指标都应当是三位数。但是不管重复数多少，第一位数字如重复数相等，即代表全部重复都出现菌落的最高稀释倍数的数值。后两位数字依次是以下两个稀释度出现菌落的平板数量。如果以下稀释液还出现了微生物菌落，则将其出现微生物菌落的重复数加到第三位数上。例如，10^{-3}～10^{-8}系列稀释液（4个重复）出现菌落的平板数分别为4，4，3，2，1和0，这里10^{-7}稀释液出现菌落的平板数为1，将其加到前一稀释液（10^{-6}）的平板数上，即得该土壤的微生物生长指标为433，查表得最大或然数近似值为30，计算得到每克土壤（新鲜重）的微生物数量为3.0×10^5。

应注意：如果出现微生物生长的稀释度比没有出现微生物生长的稀释倍数低，则说明微生物在稀释液中不是均匀分布的，在这种情况下就需要对实验方案进行核查。

（五）实验结果与分析

① 土壤中细菌、真菌和放线菌的数量。

② 细菌、真菌和放线菌的菌落特征的描述及其它们的区别。

（六）注意事项

最初研究土壤微生物的方法是培养计数法，该方法的优点在于可测定土壤中可培养的、不同类型的微生物数量，包括细菌、真菌和放线菌，特别是可用于测定可培养的、具有特殊功能的微生物种群，如氨化细菌、硝化细菌、反硝化细菌、解磷菌和固氮菌等。该方法存在的问题是，仅能测定在培养基上迅速生长繁殖，并能够形成菌落或有某种特征的土壤微生物种群，而大部分土壤微生物种群不能在培养基上生长。另外，在培养基上所形成的菌落可能来自多个细胞，也有可能由菌丝（或多个细胞）发育成菌落。因此，培养计数法所测定的微生物数量，通常不到土壤中微生物实际数量的1%，故不能作为土壤微生物的真实数量。此外，该方法即使用于测定土壤中可培养的微生物数量，测定结果的精确度和重复性较差。

应用MPN计数应注意两点。一是菌液稀释度的选择要合适，其原则是最低稀释度的所有重复都应有菌生长，而最高稀释度的所有重复无菌生长。对土壤样品而言，分析每个生理群的微生物需5～7个连续稀释液分别接种，微生物类群不同，其起始稀释度不同。二是每个接种稀释度必须有重复，重复次数可根据需要和条件而定，一般2～5个重复，个别也有采用2个重复的，但重复次数越多，误差就会越小，相对地说结果就会越正确。不同的重复次数应按其相应的最大或然数表计算结果。

实验二　土壤微生物多样性现代生物技术分析

土壤微生物群落多样性主要研究土壤环境中微生物种群的种类、丰度、分布均匀性、结构变化和微生物群落的功能多样性等。在过去的40多年里，土壤微生物多样性的研究方法已经从传统的培养分离发展到了无需培养的现代分子生物学技术。自从1980年Torsvik第一次从土壤中提取细菌DNA以来，在土壤微生物群落功能评价和方法研究上取得了很大进展。利用分子生物学技术分析核酸多样性使人们逐渐认识到微生物多样性的复杂性。土壤微生物在基因水平上的多样性可以通过微生物中的DNA组成的复杂性表现出来。这种方法首先要从土壤微生物体中有效地提取DNA或RNA，经过纯化后结合PCR扩增、分子克隆等分子生物技术进行分析。分子生物技术方法可以克服传统培养法造成的信息大量丢失的缺点，能够更全面、更客观地对样品进行分析，更精确地揭示土壤微生物种类和遗传多样性。

变性梯度凝胶电泳（denaturedgradientgel electrophoresis，DGGE）最初是Lerman等于20世纪80年代初期发明的，起初主要用来检测DNA片段中的点突变。Muyzer等在1993年首次将其应用于微生物群落结构研究。DGGE技术是基于扩增片段序列的不同，将片段大小不同的DNA序列分开，从而检测微生物群落遗传多样性。理论上认为，只要选择的电泳条件如变性剂梯度、电泳时间、电压等足够精细，仅有单一碱基差异的DNA片段都可被分开。由于DGGE具有可靠性强、重现性高、方便快捷等优点，短短的十年内，已经成为微生物群落遗传多样性和动态分析的强有力工具（Muyzer，1999），被广泛用于土壤特殊微生物生理类群，自然环境条件下土壤微生物多样性变化的分析。

（一）实验目的

（1）掌握土壤DNA的提取、电泳胶检测及纯化方向。

（2）掌握微生物特定基因片段大量扩增的PCR方法。

（3）掌握PCR-DGGE测定土壤细菌遗传多样性的实验和数据分析方法。

（二）实验原理

1. 土壤DNA提取的原理

土壤DNA提取大致分为直接方法和间接方法。直接方法是对土样中的微生物细胞进行直接裂解，使DNA释放出来。这种方法的特点是所获得的粗DNA量较大，但所含的杂质较多。间接方法首先把土样中的微生物细胞提取出来，然后再进行微生物细胞DNA的提取。为了获得高产量的DNA，人们采用超声波、机械破碎、冻融处理来增加细胞的溶解率。直接提取法提取的DNA片段较小（1～50kb），提取率高，操作简单；间接提取法提取的片断较大（20～500kb），纯度高，但操作烦琐，有些微生物在分离过程中会丢失得到的DNA并非土壤样品中的全基因组（宏基因组），目前已经很少研究者会采用这种方法。

2. 变性梯度凝胶电泳的原理

双链DNA分子在一般的聚丙烯酰胺凝胶电泳时，其迁移行为决定于其分子大小和电荷。不同长度的DNA片段能够被区分开，但同样长度的DNA片段在胶中的迁移行为一样，因此不能被区分。DGGE/TGGE技术在一般的聚丙烯酰胺凝胶基础上，加入了变性剂（尿素和甲酰胺）梯度，从而能够把同样长度但序列不同的DNA片段区分开来。一个特定的DNA片段有其特有的序列组成，其序列组成决定了其解链区域（melting domain，MD）和解链行为（melting behavior）。一个几百个碱基对的DNA片段一般有几个解链区域，每个解链区域由一段连续的碱基对组成。当温度逐渐升高（或是变性剂浓度逐渐增加）达到其最低的解链区域温度时，该区域这一段连续的碱基对发生解链。当温度再升高依次达到各其他解链区域温度时，这些区域也依次发生解链。直到温度达到最高的解链区域温度后，最高的解链区域也发生解链，从而双链 DNA 完全解链。

不同的双链 DNA 片段因为其序列组成不一样，所以其解链区域及各解链区域的解链温度也是不一样的。当它们进行 DGGE 时，一开始温度（或变性剂浓度）比较小，不能使双链 DNA 片段最低的解链区域解链，此时 DNA 片段的迁移行为和在一般的聚丙烯酰胺凝胶中一样。然而一旦 DNA 片段迁移到一特定位置，其变性剂浓度刚好能使双链 DNA 片段最低的解链区域解链时，双链 DNA 片段最低的解链区域立即发生解链。部分解链的 DNA 片段在胶中的迁移速率会急剧降低。因此，同样长度但序列不同的 DNA 片段会在胶中不同位置处达到各自最低解链区域的解链温度，因此它们会在胶中的不同位置处发生部分解链导致迁移速率大大下降，从而在胶中被区分开来。

然而，一旦变性剂浓度达到 DNA 片段最高的解链区域温度时，DNA 片段会完全解链，成为单链 DNA 分子，此时它们又能在胶中继续迁移。因此如果不同 DNA 片段的序列差异发生在最高的解链区域时，这些片段就不能被区分开来。在 DNA 片段的一端加入一段富含 GC 的 DNA 片段（GC 夹子，一般 30～50 个碱基对）可以解决这个问题。含有 GC 夹子的 DNA 片段最高的解链区域在 GC 夹子这一段序列处，它的解链温度很高，可以防止 DNA 片段在 DGGE/TGGE 胶中完全解链。当加了 GC 夹子后，DNA 片段中基本上每个碱基处的序列差异都能被区分开。

当用 DGGE 技术来研究微生物群落结构时，要结合 PCR（polymerase chain reaction）扩增技术，用 PCR 扩增的 16SrRNA 产物来反映微生物群落结构组成。通常根据 16S rRNA 基因中比较保守的碱基序列设计通用引物，其中一个引物的 5′-端含有一段 GC 夹子，用来扩增微生物群落基因组总 DNA，扩增产物用于 DGGE/TGGE 分析。

DGGE/TGGE 有：垂直电泳和水平电泳两种电泳形式，前者是指变性剂梯度或温度梯度的方向和电泳方向垂直；后者是指两个方向是平行的。在分析微生物群落的 PCR 扩增产物时，一般先要用垂直电泳来确定一个大概的变性剂范围或温度范围。垂直电泳时，胶从左到右是变性剂梯度。在胶的左边，变性剂浓度低，DNA 片段是双链形式，因此沿着电泳方向一直迁移。在胶的另一边，由于变性剂浓度高，DNA 一进入胶立刻就发生部分解链，因此迁移很慢。在胶的中间，DNA 片段有不同程度的解链。在变性剂浓度临界于 DNA 片段最低的解链区域时，DNA 的迁移速率有急剧的变化。因此，DNA 片段在垂直胶中染色后呈 S 形的曲线。根据垂直电泳确定的范围，再用水平电泳来对比分析不同的样品。

在用水平电泳分析样品之前，先要优化确定电泳所需时间。一般采用时间间歇（time travel）的方法，即每隔一定时间加一次样品，从而使样品的电泳时间有一个梯度。根据这个结果，确定最佳的电泳时间。

通过各种染色方法可以看到 DGGE/TGGE 胶中的 DNA 条带。最常用的几种染色方法是溴化乙啶（ethidium bromide，EB），SYBRgreen Ⅰ，SYBRgold 和银染法。EB 法染色的灵敏度最低。SYBRgreen Ⅰ 和 SYBRgold 相比 EB，能更好地消除染色背景，因此它们的检测灵敏度比 EB 法高很多。EB 和 SYBR 染色时，双链 DNA 能很好地显色，单链 DNA 基本上不能显色。银染法的灵敏度最高，它不但能染双链 DNA，也能染单链 DNA，但它的缺点是不能用于随后的杂交分析，污染土壤微生物多样性变化等方面的研究。

（三）实验仪器与材料

1. 主要试剂

TENP 缓冲液（50mmol/L Tris，20mmol/L EDTA，100mmol/L NaCl，1% PVP，pH = 10.0）；PBS 缓冲液（137mmol/L NaCl，2.7mmol/L KCl，10mmol/L Na_2HPO_4，2mmol/L KH_2PO_4，pH = 7.4）；DNA 提取缓冲液（100mmol/L Tris，100mmol/L EDTA，100mmol/L Na_3PO_4，1.5mol/LNaCl，1%CTAB，pH = 8.0）；蛋白酶 K（25mg/mL）；溶菌酶（50mg/mL，pH = 8.0）；20%SDS；氯仿；异戊醇；异丙醇；70%乙醇；RNAse20mg/mL；QIAX Ⅱ大片段凝胶回收试剂盒（Qiagen）；细菌通用引物 F338-GC 和 R518；高纯水（Millpore 纯化柱）；丙烯酰胺；双丙烯酰胺；尿素；Tris；EDTA；乙酸；甲酰胺；过硫酸铵；Triton；硝酸银；100%乙醇；NaOH；甲醛等。

2. 主要设备

50mL、1.5mL 离心管；摇床；高速离心机；水浴锅；电泳槽；电泳仪；涡旋仪；DGGE system（D-Code，Bio-Rad）等。

（四）实验内容与步骤

1. 土壤样品总 DNA 的提取

（1）取 2g 土样，置于 50mL 灭菌的离心管中。

（2）加入 10mL TENP 缓冲液（50mmol/L Tris，20mmol/L EDTA，100mmol/L NaCl，1% PVP，pH10.0）悬浮土样，200 转摇床振荡 10min 充分混匀。

（3）10000r/min 离心 5min，弃上清，重复洗涤多次至上清液基本为无色。

（4）用 5mLPBS 缓冲液（137mmol/L NaCl，2.7mmol/L KCl，10mmol/L Na_2HPO_4，2mmol/L KH_2PO_4，pH7.4）漂洗 1 次。

（5）沉淀加入 13.5mLDNA 提取缓冲液（100mmol/L Tris，100mmol/L EDTA，100mmol/L Na_3PO_4，1.5M NaCl，1%CTAB，pH8.0），混匀后加入

100μL 蛋白酶 K（25mg/mL）和 200μL 溶菌酶（50mg/mL，pH8.0），37℃水浴 30min，每隔 10min 颠倒混匀。

（6）加入 2mL20%SDS，65℃水浴 2h，每隔 20min 颠倒混匀。

（7）8000r/min 室温离心 15min，取上清，用等体积氯仿：异戊醇（24：1）抽提 1 次。

（8）水相中加入 0.6 倍体积的异丙醇，4℃沉淀过夜。

（9）11000r/min4℃离心 20min 收集 DNA 沉淀。

（10）70%乙醇漂洗 2 次，干燥后用 100μLddH_2O（含 RNAse 20mg/mL）溶解，转入 1.5mL 离心管。

注：如果条件允许，建议采用专业的试剂盒提取土壤 DNA，常用的试剂盒有 FastDNA® SPIN kit for Soil，UltraClean™ Soil DNA Isolation Kit 等。

2. 粗 DNA 纯化

（1）配制 0.8%琼脂糖凝胶（100mL TE 溶液加入 0.8 克琼脂，加热至沸腾 2min 使琼脂溶解，冷却至 45℃左右，加入 5μL 染色剂，倒入已插入梳子的胶板，待凝固后拔掉梳子，露出上样孔）。

（2）每个上样孔加入 50μL 粗 DNA，进行低电压长时间电泳（4℃，25V，8h）。

（3）电泳结束后，在凝胶成像系统中观察电泳结果并拍照，记录 DNA 主带位置，然后切下主带所在的凝胶（胶的体积尽可能小）。

（4）QIAXⅡ大片段凝胶回收试剂盒（Qiagen）回收：加入 3 倍体积的 Buffer QXⅠ及适量的 QIAXⅡ（Glassmilk），55℃温浴 10～15min，期间每隔 2min 轻轻用手指弹起沉淀（回收大片段时最好不用涡旋震荡），待凝胶完全溶解，12000g 离心 1min，弃去上清液；再加入 500μL Buffer QXⅠ洗涤沉淀 1 次以消除剩余凝胶；再用 500μL Buffer PE 洗涤沉淀 2 次，将沉淀晾干，加入适当体积的ddH_2O，离心后收集上清液作为提纯 DNA 样品。

3. 提纯样品 DNA 纯度检验

取 5μL DNA 样品用 0.8%琼脂糖凝胶电泳，检测提取的 DNA 质量。

4. PCR 扩增

选取细菌通用引物正向 F338-GC 和反向 R518，对 16S rDNA 基因 V3 区片段进行扩增，扩增产物片段长约 230bp。

F338-GC：5'-CGC CCG CCG CGCGCGGCGGGCGGGGCGGGGGCA CGGG GGGCC TACGGG AGG CAG CAG-3'

R518：5'-ATT ACCGCGGCTGCTGG-3'

PCR 反应体系见表 1-5。

表 1-5 PCR 反应体系

PCR 反应体系条件	加入量/μL
反应体系总体积	50
Premix Taq(含 DNA polymerase、buffer、dNTP Mixture)	25
正向引物(10μmol/μL)	1
反向游引物(10μmol/μL)	1
模板 DNA	1
去离子水	补足 50

PCR 热循环反应程序如下：

94℃预变性， 5min

94℃变性， 30s
55℃退火， 30s } 25 个循环
72℃延伸， 30s

92℃变性， 30s
55℃退火， 30s } 10 个循环
72℃延伸， 45s

72℃最终延伸，10min

取 5μL PCR 产物在 1.5%琼脂糖凝胶上，75V 电泳 20min，在凝胶成像系统中观察电泳结果并拍照，检查 PCR 产物纯度。

5. DGGE 分析

（1） 储存母液的配制

① 称取 38.96g 丙烯酰胺和 1.04g 亚甲基双丙烯酰胺（丙烯酰胺：双丙烯酰胺=37.5：1），加蒸馏水至 100mL，配制成 40%的聚丙烯酰胺母液。

② 量取 20mL 母液，加入 2mL50×TAE 缓冲液，加蒸馏水定容至 100mL，得聚丙烯酰胺胶浓度为 8%，变性剂浓度了 0%的变性胶存储液。

③ 量取 20mL 母液，加入 2mL50×TAE 缓冲液，加入去离子甲酰胺 40mL，尿素 42g [7mol/L 尿素和 40%（体积比）去离子甲酰胺]，加蒸馏水定容至 100mL，得聚丙烯酰胺胶浓度为 8%，变性剂浓度为 100%的变性胶存储液。试剂配制后使之充分溶解，然后聚合 10～15min，通过 0.45mm 滤膜进行过滤，配制的变性胶存储液盛放在棕色试剂瓶中，在 4℃冰箱中可存放 1 个月，以备配制各浓度变性剂时使用。

（2） 电泳变性剂溶液的配制　选择变性剂范围为 30%～60%，最上端的变性剂浓度为 30%，最底部的变性剂浓度为 60%。具体步骤如下所述。

① 30%聚丙烯凝胶溶液的配制　吸取 100%的变性胶 5.6mL，0%的变性胶

10.4mL，混合后充分摇匀，即可得到16mL浓度为30%的变性胶溶液。

② 60%聚丙烯凝胶溶液的配制 吸取100%的变性胶9.6mL，0%的变性胶6.4mL，混合后充分摇匀，即可得到16mL浓度为60%的变性胶溶液。

③ 10%过硫酸铵的配制 称取0.1g过硫酸铵，然后加入1mL超纯水溶解，即为10%的过硫酸铵溶液，该溶液存放于−20℃冰箱中。

（3）灌胶

① 装好玻璃夹板后，在夹板底部灌一层0%聚丙烯凝胶1mL，灌胶前加入18μL过硫酸铵和1.8μL TEMED，摇匀，迅速用注射器沿壁灌入玻璃夹板，待胶凝固30min。

② 分别取配好的聚丙烯凝胶溶液，加入130μL过硫酸铵和13μL TEMED，摇匀，迅速用注射器吸取凝胶溶液并将其装到梯度混合装置上，平稳缓慢地利用装盘把凝胶溶液灌入胶板中，变性剂浓度从胶的上方向下方依次递增，小心迅速插上梳子，待胶凝固30min后，拔掉梳子。

③ 待胶凝固后，用1×TAE缓冲液（40mmol/L乙酸盐，pH＝8.0，20mmol/L乙酸钠，1mmol/L EDTA二钠）冲洗梳孔，吸掉梳孔内的残留胶，将凝胶和夹具卡牢，放入电泳槽内，保证缓冲液体积在运行过程中介于“RUN”和“Max”之间。正确安装好各个部位。连接电泳电源。

④ 打开电源、回流泵及控温装置，把温度设定在实验所需的60℃。

⑤ 当电泳缓冲液温度达到60℃后，首先关闭回流泵、控温装置和电源，然后移去控温装置上的盖子，使用微量进样器吸取已经混合好的26.5μL的PCR产物（20μL的PCR产物和6.5μL的6×上样缓冲液）加入加样孔。点样完毕后盖回控温装置。

⑥ 待缓冲液温度重新升到60℃时，打开电泳仪电源，设置电压和时间，然后开始电泳。电压范围为70～90V，时间为10～15h，开始前先在160V下预跑5min。

（4）染色 电泳完毕后，依次关闭回流泵、控温装置及电源，关闭电泳仪电源并从电泳仪上拔下。2～3min后将控温装置从电泳槽中拿出，小心将电泳槽心室内的缓冲液倾倒入电泳槽中，拿出夹板，先拨开一块玻璃板，然后将胶放入盘中。用去离子水冲洗，使胶和玻璃板脱离。将胶放入SYBRgreen Ⅰ（1∶10000，体积比）染色0.5h。并用凝胶成像系统照相保存。

（五）实验结果与分析

将DGGE电泳图上的条带影像通过Bandscan凝胶图像分析软件处理，用Species Diversity and Riehness3.02分析软件对微生物多样性进行分析得到指数，其中Shannon-Wiener指数（Hp）和Simpson指数（n）是微生物多样性描述中最常用的指数，其计算方法如下：

$$Hp = -\sum (P_i Ln P_i)$$

$$D = \frac{N(N-1)}{\sum (n_i - 1) n_i}$$

式中 P_i——第 i 种个体数 n 占总个体数 N 的比例；

n_i——第 i 种的个体数；

N——所有种的个体数。

最后用 CAP 软件进行菌群分析出其菌群的相似度树状图，以了解其不同电场作用下土壤样品中微生物菌群结构的相似度。

（六）注意事项

（1）配置试剂时一定要用去离子水，制胶洗膜时用的各个容器也要用去离子水洗涤干净，以防止氯离子污染。

（2）制胶是实验的关键。在往玻璃板中灌胶时，要匀速地转动滑轮，将凝胶液匀速地灌入玻璃板。

（3）灌完胶后，立刻清洗注射器，以防丙烯酰胺凝固，堵塞管子。

（4）DGGE 的电泳缓冲液要超过“RUN”刻度线，不要超过“Max”刻度线。

（5）DGGE 的电泳电压与时间需根据具体条件，包括 DNA 片段大小、凝胶浓度、电泳类型（垂直胶或平行胶）等参数综合确定。电压越小，DNA 迁移速率越低，电泳时间就越长。但电压过高容易使图谱中条带不平直且边缘有毛糙，影响图谱效果。

（6）银染的整个过程中，一定要戴手套。以避免手接触胶而带来的污染。

（7）每次用完仪器后要及时清理，清洗玻璃板培养皿等玻璃仪器。

（8）DGGE 分辨率和准确性受到较多因素的影响，如凝胶浓度、电泳时间、变性剂梯度、染色方法、PCR 扩增效果等。在进行 PCR-DGGE 时，由于不同样品的解链性质各不相同，要得到清晰且条带丰富的 DGGE 图谱则必须对电泳条件进行优化。对于新的样品，要通过查阅文献，并进行预实验，摸索出最佳条件。本实验采用的 DGGE 反应条件（表 1-6）是许多文献推荐的反应条件。

表 1-6　DGGE 反应条件

DGGE 条件	具体浓度、时间
聚丙烯酰胺凝胶浓度	8%
电泳缓冲液	1×TAE
变性梯度	30%～60%
PCR 产物上样量/μL	26.5

续表

DGGE 条件	具体浓度、时间
电压/V	80
温度/℃	60
电泳时间/h	13
SYBR Green I(1∶10000，体积比)染色时间/h	0.5

实验三　土壤微生物总量测定

土壤微生物生物量是指土壤中体积小于 5～10μm³ 活的微生物总量，是土壤有机质中最活跃的和最易变化的部分。土壤微生物量对土壤中养分循环、有机物降解和转化具有重要作用，常作为土壤生态系统研究的重要参数之一。土壤中C、N、P 的增加能够提高碳矿化、微生物量和土壤酶活性，土壤磷增多能够促进植物根系生长。例如，耕地表层土壤中，土壤微生物量碳（Bc）一般占土壤有机碳总量的 3%左右，其变化可直接或间接地反映土壤耕作制度和微生物肥力的变化，并可以反映土壤污染的程度。近 30 年来，国外许多学者对土壤微生物生物量的测定方法进行了比较系统的研究，但由于土壤微生物的多样性和复杂性，还没有发现一种简单、快速、准确、适应性广的方法。目前广泛应用的方法包括：氯仿熏蒸培养法（FI）、氯仿熏蒸浸提法（FE）、基质诱导呼吸法（SIR）、精氨酸诱导氨化法和三磷酸腺苷（ATP）法。

氯仿熏蒸法是目前使用最广泛的测定方法。根据操作步骤，氯仿熏蒸法又可分熏蒸培养法和熏蒸浸提法。1976 年，Jenkinson 和 Powlson 融合了生态学和微生物学的方法，提出了利用氯仿熏蒸培养法测定土壤微生物量 *C*（BC）。该方法根据被杀死的土壤微生物细胞因矿化作用而释放 CO_2 的量激增来估计土壤微生物量 *C*。1985 年，Brookes 等在熏蒸培养法的基础上提出了熏蒸浸提法，能够更为直接地测定土壤微生物量 N、P。1987 年，Vance 等首次将该法用于测定土壤微生物量 *C*，并指出该法与熏蒸培养法测定值之间具有良好的线性关系。

（一）实验目的

（1）掌握氯仿熏蒸-浸提法测定土壤微生物碳含量。

（2）掌握氯仿熏蒸-浸提法测定土壤微生物氮含量。

（二）实验原理

土壤经氯仿熏蒸处理，微生物被杀死，细胞破裂后，细胞内容物释放到土壤中，导致土壤中的可提取碳、氨基酸、氮、磷和硫等大幅度增加。通过测定浸提液中全碳的含量可以计算土壤微生物生物量碳。

（三）实验器具与试剂

1. 仪器

培养箱；真空干燥器；真空泵；往复式振荡机（速率200次/min）；1L广口玻璃瓶；定量滤纸；紫外分光光度计；消煮炉。

2. 试剂

（1）无乙醇氯仿　市售的氯仿都含有乙醇（作为稳定剂），使用前必须除去乙醇。即量取500mL氯仿于1000mL分液漏斗中，加入50mL硫酸溶液[$\rho(H_2SO_4)=5\%$]，充分摇匀，弃除下层硫酸溶液，如此进行3次。再加入50mL去离子水，同上摇匀，弃去上部的水分，如此进行5次。将下层的氯仿转移存放在棕色瓶中，并加入约20g无水K_2CO_3，在冰箱的冷藏室中保存备用。

（2）硫酸钾溶液[$c(K_2SO_4)=0.5mol/L$]　称取硫酸钾（K_2SO_4，化学纯）87.10g，先溶于300mL去离子水中，加热，转移溶液至容器中，再加少量去离子水溶解余下的部分，转移溶液至同一容器中，如此反复多次。最后定容至1L。

（3）重铬酸钾[$c(1/6K_2Cr_2O_7)=0.4000mol/L$]　称取经130℃烘干2～3h的重铬酸钾（$K_2Cr_2O_7$，分析纯）19.622g，溶于1000mL去离子水中。

（4）邻啡罗啉亚铁指示剂　称取邻啡罗啉（$C_{12}H_8N_2H_2O$，分析纯）1.49g，溶于含有0.70g $FeSO_4\cdot7H_2O$的100mL去离子水中，密闭保存于棕色瓶中。

（5）硫酸亚铁溶液[$c(FeSO_4\cdot7H_2O)=0.0667mol/L$]　称取硫酸亚铁（$FeSO_4\cdot7H_2O$，化学纯）18.52g，溶解于600～800mL去离子水中，加浓硫酸（化学纯）15mL，搅拌均匀，定容至1000mL，于棕色瓶中保存。此溶液不稳定，需标定其浓度。

（6）硫酸亚铁溶液浓度的标定　吸取重铬酸钾标准溶液（试剂3）10.00mL放入100mL三角瓶中，加水约20mL，加浓硫酸3～5mL和邻啡罗啉指示剂2～3滴，用$FeSO_4$溶液滴定，根据$FeSO_4$溶液的消耗量，即可计算$FeSO_4$溶液的准确浓度。

（7）混合催化剂　按照硫酸钾：五水硫酸铜：硒粉=100：10：1，称取硫酸钾100g、五水硫酸铜10g、硒粉1g。均匀混合后研细，储于瓶中。

（8）浓硫酸　相对密度为1.84。

（9）40%氢氧化钠　称400g氢氧化钠于烧杯中，加蒸馏水600mL，搅拌使之全部溶解定容至1L。

（10）2%硼酸溶液　称20g硼酸溶于1000mL水中，再加入20mL混合指示剂（按体积比100：2加入混合指示剂）。

（11）混合指示剂　称取溴甲酚绿0.5g和甲基红0.1g，溶解在100mL95%的乙醇中，用稀氢氧化钠或盐酸调节使之呈淡紫色，此溶液pH值应为4.5。

（12）0.01mol的盐酸标准溶液　取相对密度1.19的浓盐酸0.84mL，用蒸馏水稀释至1000mL，用基准物质标定之。

（四）实验内容与步骤

1. 土壤样品的采集和预处理

土壤样品的采集方法和要求与测定其他土壤性质时没有本质区别。采集到的新鲜土壤样品立即去除植物残体、根系和可见的土壤动物（如蚯蚓）等，然后尽快过筛（2～3mm），或放在低温下（2～4℃）保存。如果土壤太湿无法过筛，进行晾干时必须经常翻动土壤，避免局部风干导致微生物死亡。过筛的土壤样品调节到40%左右的田间持水量，在室温下放在密闭的装置中预培养1周，密闭容器中要放入两个适中的烧杯，分别加入水和稀NaOH溶液，以保持其湿度和吸收释放的CO_2。预培养后的土壤最好立即分析，也可放在低温下（2～4℃）保存。

2. 土壤熏蒸

准确称取6份20g新鲜土样的土样置于6个100mL的玻璃烧杯中，其中3个烧杯的土样做对照，另外3个烧杯的土样用来熏蒸处理。熏蒸处理的土样与一个盛有5mL氯仿的50mL烧杯（烧杯中放一些玻璃珠，防止氯仿暴沸）一起放在真空干燥器中，干燥器中放一些湿润的滤纸保湿。然后将干燥器抽真空直到氯仿沸腾2min后，关闭干燥器的阀门，25℃暗室中熏蒸24h。对照土壤样品（不熏蒸）的土样同样放在另一个放有湿润滤纸的干燥器中24h。打开处理的干燥器的阀门，如果没有空气流动的声音，表示干燥器漏气，应重新称样进行熏蒸处理。当处理的干燥器不漏气时，移去氯仿和滤纸，剩余氯仿倒回瓶中可重复使用，擦净干燥器底部，用真空泵反复抽气，每一次都要打开干燥器，以加快除去氯仿的速度，如此反复抽真空10次，每次3min，尽量排除土样中残留的氯仿，否则会影响微生物的生长。

3. 提取

将熏蒸土壤和未熏蒸土壤分别无损地转移到200mL聚乙烯塑料瓶中，加入100mL0.5mol/L K_2SO_4（土水比为1∶4；质量体积比），振荡30min（300r/min，25℃），用中速定量滤纸过滤于125mL塑料瓶中。同时做不加土壤的空白对照。提取液应立即分析。

4. 微生物生物量碳的测定（滴定法）

准确吸取浸提液5.0mL放入消煮管中，加入重铬酸钾标准溶液（试剂3）2.00mL，浓硫酸5mL，摇动试管，充分混匀，在试管上放一小漏斗，以冷凝蒸出的水气。将试管放入温度为175℃左右的石蜡油浴锅，注意调节使油浴锅温度维持在170～180℃，从试管内容物开始沸腾（有较大气泡）算起，准确煮沸

10min，取出试管，稍冷却，拭净试管外部油滴。将试管内容物倾入150mL三角瓶中，用蒸馏水少量多次洗净试管和漏斗，溶液亦并入三角瓶中。加水稀释至60～70mL，维持溶液酸度2～3mol/L（$1/2H_2SO_4$），加入2～3滴邻啡罗啉亚铁指示剂，然后用标准硫酸盐铁溶液滴定，溶液由橙色经过绿色，最后突变为砖红色，即为终点。

5. 微生物生物量氮的测定

（1）消煮　准确吸取滤液10mL于消化管中，加入2g混合催化剂，再加5mL浓硫酸，管口放一弯颈小漏斗，将消化管置于通风橱内远红外消煮炉的加热孔中。打开消煮炉上的所有加热开关进行消化，加热至微沸，关闭高挡开关，继续加热。消煮至溶液呈清澈淡蓝色，然后继续消煮0.5～1.0h，最后溶液呈蓝绿色，土呈灰白色，全部消煮时间85～90min。消煮完毕冷却，同时做两个试剂空白试验。

（2）定氮　装好定氮装置，于水蒸气发生器内装水约2/3处加甲基红指示剂数滴及数毫升硫酸，以保持水呈酸性，加入数粒玻璃珠以防暴沸，用调压器控制，加热煮沸水蒸气发生瓶内的水。向接收瓶内加入10mL2%硼酸溶液及混合指示剂1滴，并使冷凝管的下端插入液面下，吸取10.0mL样品消化液由小玻璃杯流入反应室，并以10mL水洗涤小烧杯使之流入反应室内，塞紧小玻璃杯的棒状玻璃塞。将10mL40%氢氧化钠溶液倒入小玻璃杯，提起玻璃塞使其缓慢流入反应室，不能立即将玻璃盖塞紧，这样易使玻璃塞粘在进样口，应先用蒸馏水冲洗然后再盖，并加水于小玻璃杯以防漏气。夹紧螺旋夹，开始蒸馏，蒸汽通入反应室使氨通过冷凝管而进入接收瓶内，蒸馏5min。移动接收瓶，使冷凝管下端离开液皿，再蒸馏1min，然后用少量水冲洗冷凝管下端外部。取下接收瓶，以0.05mol/L盐酸标准溶液定至灰色或蓝紫色为终点。

（五）实验结果与分析

（1）有机碳（Oc）的计算

$$\omega(\mathrm{C})=(V_0-V_1)\times c\times 3\times ts\times 1000/m$$

式中　ω（C）——有机碳（Oc）质量分数，mg/kg；

V_0——滴定空白样时所消耗的$FeSO_4$体积，mL；

V_1——滴定样品时所消耗的$FeSO_4$体积，mL；

c——$FeSO_4$溶液的浓度，mol/L；

3——碳（1/4C）的毫摩尔质量，M（1/4C）=3mg/mmol；

ts——稀释倍数，100mL/5mL=20；

m——为烘干土质量，g。

（2）微生物生物量碳的计算

$$\omega(C) = Ec/KEc$$

式中　ω（C）——微生物生物量碳（Bc）质量分数，mg/kg；

Ec——熏蒸土样有机碳与未熏蒸土样有机碳之差，mg/kg；

KEc——转换系数，取值0.38。

（3）微生物生物量N的计算方法

$$Nc = 0.54EN$$

式中　EN——经24h氯仿熏蒸后的全氮含量（百分比）与未经熏蒸的全氮含量（百分比）之差；

Nc——微生物生物量N的质量分数，μg/g。

全氮的计算：

$$N = (V_0 - V_1) \times c \times 0.014 \times ts \times 1000/DW$$

式中　V_0——滴定空白样时所消耗的0.05mol/L的HCl体积数；

V_1——滴定样品时所消耗的0.05mol/L的HCl体积数；

c——0.05mol/L的HCl溶液的当量浓度；

0.014——氮原子的毫摩尔质量；

1000——由g转换为kg的系数。

（六）注意事项

（1）实验结果以土壤干重来表示，计算时一定要同时测定土壤含水量。

（2）如果数据结果变异较大时，要认真分析可能的原因。

① 由于样点的异质性造成的还是操作过程造成的？

② 操作过程中土样采集与处理过程是否一致（土样是否混匀，土中杂质，尤其是根与植物残体是否清除干净等）？

③ 熏蒸、浸提是否同批进行？浸提液是否立即进行分析？

实验四　土壤酶的测定

土壤酶是土壤组分中最活跃的有机成分之一，包括存在于活细胞中的胞内酶和存在于土壤溶液或吸附在土壤颗粒表面的胞外酶，是土壤生物过程的主要调节者，其参与了土壤环境中的一切生物化学过程，与有机物质分解、营养物质循环、能量转移、环境质量等密切相关。土壤酶的分解作用参与并控制着土壤中的生物化学过程在内的自然界物质循环过程，酶活性的高低直接影响物质转化循环的速率，是土壤中生物学活性的总体现，它表征了土壤的综合肥力特征及土壤养分转化进程，且对环境等外界因素引起的变化较敏感，因此土壤酶活性可以作为衡量生态系统土壤质量变化的预警和敏感指标。

（一）实验目的

（1）掌握土壤脱氢酶的测定方法和原理。

（2）掌握土壤蔗糖酶的测定方法和原理。

（3）掌握土壤脲酶的测定方法和原理。

（4）掌握酸性磷酸酶的测定方法和原理。

（5）了解土壤蛋白酶的测定原理和方法。

（二）土壤脱氢酶的测定

1. 实验原理

土壤中的微生物对于有机物的降解，实质上是微生物经过一系列的酶的催化作用下的生物氧化还原反应。参加生物氧化的重要酶为氧化酶和脱氢酶两大类，其中脱氢酶类尤为重要。其中脱氢酶能使氧化有机物的氢原子活化并传递给特定的受氢体实现有机物的氧化和转化。如果脱氢酶活化的氢原子被人为受氢体接受，就可以通过直接测定为受氢体浓度的变化间接测定脱氢酶的活性，表征生物降解过程中微生物的活性。因此，脱氢酶的活性可以反映土壤体系内活性微生物量以及其对有机物的降解活性，以评价降解性能。

利用 TTC 作为人为受氢体，其还原反应方程式如下：

$$C_6H_5{-}C(N{-}NH{-}C_6H_5)(N{=}N(Cl){-}C_6H_5) \xrightarrow[+2H^+]{+2e} C_6H_5{-}C({=}N{-}NH{-}C_6H_5)(N{=}N{-}C_6H_5) + HCl$$

无色的 TTC 受氢后变成红色的 TPF（三苯基甲月替），根据红色的深浅，测出相应的吸光度值，从而计算 TPF 的生成量，求出脱氢酶的活性。

2. 实验器材和试剂

（1）实验器材　本实验所用器材为 721 分光光度计，比色皿，三角瓶，容量瓶，漏斗，滤纸等。

（2）试剂

① 1mg/mLTTC 溶液（绘制标准曲线）　称取 0.5g TTC，溶解，定容至 500mL；

② 1%TTC 溶液（土壤测定）　取1g TTC，溶解，并定容至 100mL 容量瓶中；

③ Tris-HCl 缓冲溶液（pH＝7.6）　称取 6.037g Tris（三强甲基氨基甲烷，分析纯），再加入 1mol/L 的盐酸，调 pH 值为 7.6。

3. 实验内容与步骤

TPF 标准曲线的绘制步骤如下所述。

（1）首先配制系列浓度的 TTC 标准溶液　取 8 个 50mL 容量瓶，分别吸取

0.5mL、1mL、1.5mL、2mL、2.5mL、3mL、3.5mL1mg/mLTTC溶液加入以上容量瓶中，用蒸馏水定容。

（2）绘制标准曲线　取8支具塞试管，分别依次加入2mLTris-HCl缓冲溶液（pH=7.6）、2mL蒸馏水和2mL不同浓度的TTC标准溶液（空白对照用蒸馏水代替TTC溶液）。然后分别加入0.1g低亚硫酸钠（保险粉），振荡摇匀。待充分显色后，加入5mL甲苯，振荡萃取微红色的TPF，上清液于485nm处测定吸光度值。以TPF的浓度为横坐标，以吸光度A值为纵坐标绘制标准曲线。

（3）土样测定　分别取5g过1.25mm筛的新鲜土壤样品于具塞三角瓶中，每个三角瓶加入2mL1%的TTC溶液，2mL蒸馏水，充分混匀。置于37℃恒温箱中避光培养6h。培养结束后，加入5mL甲醇，剧烈震荡1min，后静置5min，再振荡20s，然后静置5min。将三角瓶中的物质全部过滤到比色管中，并用少量的甲醇洗涤三角瓶2～3次，洗涤液也全部过滤到比色管中，定容到25mL，于485nm下测定吸光度值A，以1g干土生成的TPF为脱氢酶的一个活性单位。

4. 结果分析

脱氢酶活性可按下式进行计算：

$$TF=25(1+\theta_m)AB$$

式中　TF——脱氢酶活性，g/g干土；

25——换算常数；

θ_m——土壤质量含水率，%；

A——标准曲线上的计数；

B——培养时间校正值，即反应时间除以60min。

（三）土壤蔗糖酶活性的测定

1. 实验原理

土壤的转化酶活性，与土壤中的腐殖质、水溶性有机质和黏粒的含量以及微生物的数量及其活动呈正相关。随着土壤熟化程度的提高，转化酶的活性亦增强。人们常用土壤的转化酶活性来表征土壤的熟化程度和肥力水平。蔗糖酶与土壤许多因子有相关性，如与土壤有机质、氮、磷含量，微生物数量及土壤呼吸强度有关，一般情况下，土壤肥力越高，蔗糖酶活性越高。蔗糖酶酶解所生成的还原糖与3,5-二硝基水杨酸反应而生成橙色的3-氨基-5-硝基水杨酸。颜色深度与还原糖量相关，因而可用测定还原糖量来表示蔗糖酶的活性。

蔗糖酶能促使蔗糖水解成葡萄糖和果糖。蔗糖酶活性的测定采用硫代硫酸钠滴定法，用碘量法测出蔗糖水解时生成的还原性糖的量。蔗糖酶活性以24h后1g土消耗的0.1mol/L硫代硫酸钠毫升数表示。其反应式如下：

$$C_{12}H_{22}O_{11}+H_2O\xrightarrow{\text{蔗糖酶}}C_6H_{12}O_6+C_6H_{12}O_6$$

2. 实验器材和试剂

（1）实验器材　水浴锅、721分光光度计天平、恒温培养箱、滴定管、100mL容量瓶、三角瓶、过滤装置、滤纸、移液管等。

（2）实验试剂

① pH=5.5磷酸盐缓冲　1/15mol/L $Na_2HPO_4 \cdot 2H_2O$（11.867g溶于1L蒸馏水）0.5mL，1/15mol/L KH_2PO_4（9.078g溶于1L蒸馏水）9.5mL，按此比例混匀即得。

② 菲林溶液。

a. 称取34.64g $CuSO_4 \cdot 5H_2O$溶于蒸馏水中，并稀释至500mL；b. 称取173g酒石酸钾钠和50g NaOH溶于蒸馏水中，并稀释至500mL。使用前将a.与b.按1∶1的比例混合。

③ 1∶3稀H_2SO_4　量取1份浓硫酸和3份蒸馏水混合。

④ 0.1mol/L $Na_2S_2O_3$　称取24.8g $Na_2S_2O_3 \cdot 5H_2O$溶于蒸馏水中，并稀释至1L。

⑤ 淀粉指示剂　称取0.5g淀粉溶于少量水中，加入10mL煮沸的25%的NaCl溶液，并煮沸1min。

3. 实验内容与步骤

（1）称取2.5g土样放入100mL的容量瓶中，加入2mL甲苯（有机质含量高的加5mL甲苯），15min后，注入5mL20%的蔗糖溶液和5mL pH=5.5磷酸盐缓冲溶液。

（2）将瓶中内容物混匀后，在37℃条件下培养23h后，用38℃的蒸馏水将瓶中内容物稀释至100mL（甲苯应浮在刻度以上），充分混匀后再培养1h。

（3）然后过滤，取2.5～5mL滤液于100mL锥形瓶中，加入10mL菲林溶液和20mL蒸馏水，在沸水中放置10min，取出后（尽量不要摇动），在自来水下冷却至25℃，在摇动中再往瓶中加入3mL33%的KI溶液和4mL1∶3稀H_2SO_4（所以这些操作都应该迅速，且要给锥形瓶加塞，此时混合液应为蓝色，若为红色，则表示滤液取多了，应酌情减少）。

（4）混合液用0.1mol/L $Na_2S_2O_3$滴定，达到等当点前，加入0.5mL淀粉指示剂（应缓慢加入，以防止气流产生），继续滴定至蓝色消失，放置30s，蓝色不褪去即为终点，颜色从棕红突变到微黄色。

4. 结果计算

以1g风干土在37℃的条件下培养24h后消耗的0.1mol/L $Na_2S_2O_3$ mL数表示蔗糖酶活性。

$$M=(V_2-V_1)\times100/(V\times M)$$

式中　M——蔗糖酶活性；

V_2——对照土壤所消耗的硫代硫酸钠毫升数，mL；

V_1——样品试验所消耗的硫代硫酸钠毫升数，mL；

100——2.5g 土样定容体积，mL；

V——用于滴定的试样体积，mL；

M——样品质量克数，g。

（四）土壤脲酶活性的测定

1. 实验原理

靛酚蓝比色法测定脲酶的基本原理是：被测物浸提剂中的 NH_4^+，在强碱性介质中与次氯酸盐和苯酚反应，生成水溶性染料靛酚蓝，其深浅与溶液中的 NH_4^+-N 含量呈正比，线性范围为 0.05～0.5mg/L 之间。

靛酚蓝反应原理如下：$NH_3 + OCl^- \longrightarrow NH_2Cl + OH^-$

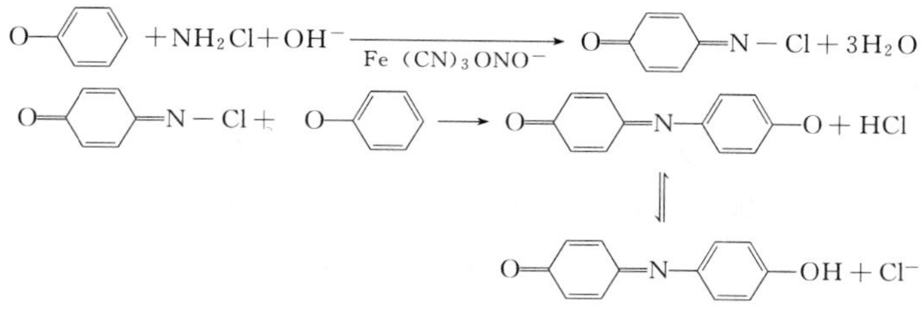

O—⟨苯环⟩ $+ NH_2Cl + OH^- \xrightarrow{Fe(CN)_3ONO^-}$ O=⟨环⟩=N－Cl $+ 3H_2O$

O=⟨环⟩=N－Cl + O—⟨苯环⟩ ⟶ O=⟨环⟩=N—⟨苯环⟩—O + HCl

⇅

O=⟨环⟩=N—⟨苯环⟩—OH + Cl^-

2. 实验试剂

（1）pH＝6.7 的柠檬酸盐缓冲溶液　称取 184g 柠檬酸溶于 600mL 蒸馏水中，称取 148g 氢氧化钾溶于蒸馏水中（不要超过 400mL），将两液合并（把冷却后的氢氧化钾溶液缓慢倒入柠檬酸溶液中），用 1mol/L NaOH 将 pH 值调至 6.7，用水稀释至 1000mL。

（2）苯酚钠溶液　将 62.5g 苯酚溶于少量乙醇中，加 2mL 甲醇和 18.5mL 丙酮，用乙醇稀释至 100mL（A）；将 27g 氢氧化钠溶于蒸馏水中，并稀释至 100mL（B）；将 A、B 两溶液保存于冰箱中，使用前各取 20mL 混合，用蒸馏水稀释至 100mL。

（3）次氯酸钠溶液　用水稀释试剂至活性氯的浓度为 0.9%。

（4）氨氮标准溶液　称取 0.4717g 硫酸铵溶于蒸馏水中，定容至 1L，则 1mL 溶液含有 100μg 氮的标准溶液。

（5）10%尿素　称取 10g 尿素，用蒸馏水溶至 100mL。

3. 实验内容与步骤

（1）标准曲线的测定　吸取 10mL 氮的标准溶液定容至 100mL，摇匀。从其中分别吸取 0、1.00mL、3.00mL、5.00mL、7.00mL、10.00mL 移至 50mL 比

色管中，加水至 20mL，再加入 4mL 苯酚钠的溶液，充分混合。紧接着加入 3mL 次氯酸钠，随加随摇匀，放置 20min，用水稀释至刻度。将显色液在可见分光光度计上于 578nm 处，以 1cm 比色皿进行比色测定，以试剂空白为参比。以标准溶液氮含量为横坐标，以吸光度值为纵坐标绘制标准曲线。

（2）土样中脲酶活性的测定　分别称取 2g 过 1mm 筛的风干土样于 50mL 锥形瓶中，向其中加入 1mL 甲苯，以使土样全部湿润为宜。放置 15min 后，加入 10mL10％尿素溶液和 20mL 柠檬酸缓冲液（pH＝6.7），并摇匀。将锥形瓶放入 37℃恒温箱中，培养 24h。培养结束后，加热至 38℃，水稀释至刻度，充分摇荡，并将悬液用滤纸过滤到锥形瓶中。

设置无土和无基质对照，即考察各种溶液和土壤中氨氮存在带来的影响。相当于其他实验中所做的空白对照。无土对照：不加土样，其他与实验同，以检验试剂纯度；整个实验设 1 个无基质对照：以等体积水代替基质，其他与实验相同。

分别吸取 1～3mL 滤液于 50mL 容量瓶中，加蒸馏水至 20mL，充分震荡，然后加入 4mL 苯酚钠，充分混合，再加入 3mL 次氯酸钠充分摇荡，放置 20min，用水稀释至刻度，溶液呈现靛酚的蓝色（在 1h 内保持稳定）。在分光光度计上用 1cm 比色杯，于 578nm 处进行比色测定。

（3）结果计算　根据标准曲线，查知 NH_3-N 的毫克数。以 1g 风干土在 37℃的条件下培养 24h 后生成的 NH_3-N 的毫克数表示脲酶活性（Ure）。

$$\mathrm{Ure}=(a_{样品}-a_{无土}-a_{无基质})\times V\times n/m$$

式中　$a_{样品}$——样品吸光值由标准曲线求得的 NH_3-N 毫克数；

$a_{无土}$——无土对照吸光值由标准曲线求得的 NH_3-N 毫克数；

$a_{无基质}$——无基质对照吸光值由标准曲线求得的 NH_3-N 毫克数；

V——显色液体积；

n——分取倍数，浸出液体积/吸取滤液体积；

m——烘干土重。

（4）注意事项

① 每一个样品应该做一个无基质对照，以等体积的蒸馏水代替基质，其他操作与样品实验相同，以排除土样中原有的氨对实验结果的影响。

② 整个实验设置一个无土对照，不加土样，其他操作与样品实验相同，以检验试剂纯度和基质自身分解。

③ 如果样品吸光值超过标准曲线的最大值，则应该增加分取倍数或减少培养的土样。

（五）土壤蛋白酶活性的测定

1. 实验原理

蛋白酶参与土壤中存在的氨基酸、蛋白质以及其他含蛋白质氮的有机化合物的转化。它们的水解产物是高等植物的氮源之一。土壤蛋白酶在剖面中的分布与蔗糖酶相似，酶活性随剖面深度而减弱。并与土壤有机质含量、氮素及其他土壤性质有关。

蛋白酶能酶促蛋白物质水解成肽，肽进一步水解成氨基酸。测定土壤蛋白酶常用的方法是比色法，根据蛋白酶酶促蛋白质产物——氨基酸与某些物质（如铜盐蓝色络合物或茚三酮等）生成带颜色络合物。依溶液颜色深浅程度与氨基酸含量的关系，求出氨基酸量，以表示蛋白酶活性。

2. 实验试剂的配制

（1）pH＝7.4 的磷酸盐缓冲液　将 20mL 1/15mol/L KH_2PO_4（称取 9.073g KH_2PO_4，溶于蒸馏水并稀释至 1000mL）与 80mL1/15mol/L Na_2HPO_4（称取 11.876g Na_2HPO_4，溶于蒸馏水并稀释至 1000mL）混合，并用蒸馏水稀释至 1000mL。

（2）1%的（白）明胶溶液　用 pH＝7.4 的磷酸盐缓冲液配制。

（3）2%茚三酮溶液　取 2g 茚三酮溶于 100mL 丙酮中，将 95mL 该液与 1mL 冰乙酸和 4mL 水混合即是。此液不稳定，现配现用。

（4）甘氨酸标准溶液　称取 535.8mg 甘氨酸溶于蒸馏水，并稀释至 1L（100μg/mL）。分别吸取 0～10mL 该液放入大试管中，加入 1mL0.1mol/L 硫酸和 5mL20%硫酸钠，再加入 2mL2%的茚三酮，振荡，在沸水中加热 10min，将获得的蓝色溶液由试管转入 50mL 的容量瓶中，用 50℃的温蒸馏水定容至刻度，并迅速在分光光度计上比色（560nm，2cm 比色槽）。

3. 操作步骤

（1）称取 1g 土样置于 50mL 容量瓶中，加入 2mL 甲苯和 20mL1%的明胶溶液，塞紧瓶塞后小心振荡，在调至 30℃恒温箱中培养 24h，然后过滤。

（2）取 10mL 滤液置于试管中，加入 1mL0.1mol/L 硫酸和 5mL20%硫酸钠，以沉淀蛋白质（不明显），然后过滤，再加入 2mL2%的茚三酮，振荡，在沸水中加热 10min。

（3）将获得的有色溶液由试管转入 50mL 的容量瓶中，用 50℃的温蒸馏水定容至刻度，并迅速在分光光度计上（560nm，2cm 比色槽）测定吸光度。

（4）另设无底物对照（每一土样，用 20mL 蒸馏水代替 20mL 明胶溶液）和整个实验的无土对照（即不加土样，其他一切照加）。

4. 计算公式

根据标准曲线，查知 NH_3- N 的毫克数。以 1g 风干土在 30℃的条件下培养 24h 后释放出的 NH_3- N 的毫克数表示蛋白酶酶活性。

（六）土壤过氧化氢酶活性的测定

1. 实验原理

过氧化氢酶活性的测定。用高锰酸钾来滴定土壤和过氧化氢作用后剩余的过氧化氢的量，根据高锰酸钾的浓度和体积及过氧化氢的浓度求得过氧化氢的体积，再据反应前后过氧化氢的体积求得过氧化氢的消耗量，即表示过氧化氢酶活性。过氧化氢酶活性以 1g 土消耗 0.1mol/L $KMnO_4$毫升数来表示，反应方程式如下：$2KMnO_4 + 5H_2O_2 + 3H_2SO_4 \longrightarrow 2MnSO_4 + K_2SO_4 + 8H_2O + 5O_2$

2. 实验试剂

（1）0.3%过氧化氢溶液　将 10mL30%的过氧化氢用水稀释至 1L，此溶液不稳定，需临时配置。

（2）1.5mol/L 硫酸　8.4mL 浓硫酸溶于水，再用蒸馏水稀释至 100mL。

（3）0.002mol/L $KMnO_4$　称取化学纯高锰酸钾 0.3161g，溶于 1L 蒸馏水中，储于棕色瓶中，备用。如果知道酶活性很高的话，可以适当变化高锰酸钾浓度。

3. 操作步骤

（1）取 5g 过 1mm 风干土，置于 150mL 三角瓶中，并注入 40mL 蒸馏水和 5mL0.3%H_2O_2溶液。

（2）同时设置对照，即三角瓶中注入 40mL 蒸馏水和 5mL0.3%过氧化氢溶液，而不加土样。并作无土对照。

（3）将三角瓶放在振荡机上振荡（120r/min）30min 后，加入 5mL1.5mol/L 硫酸，以稳定未分解的过氧化氢。再将瓶中悬液用慢速滤纸过滤。吸取 25mL 滤液，用 0.002mol/L 高锰酸钾滴定至淡粉红色终点（30s 不退色）。

注：因高锰酸钾溶液浓度容易发生变化，故在每次测定时，必须用草酸钠标准溶液标定。标定方法：吸取 10mL0.1mol/L 草酸钠标准溶液于 200mL 三角瓶中，并加蒸馏水至 80mL 左右，投入几粒玻璃球，再加 5mL1∶3 硫酸酸化，在电炉上加热煮沸 2min，取下稍冷，趁热（70～80℃）用高锰酸钾溶液滴定，滴至微红色，且 30s 不褪色即达终点，记下消耗高锰酸钾的毫升数 V。

高锰酸钾滴定度的校正值 $T=10/V$。

4. 结果计算

以单位土重消耗的 0.002mol/L 高锰酸钾毫升数（对照与试验测定的差）表示土壤过氧化氢酶活性，其计算公式：

$$土壤过氧化氢酶活性\ M(\mathrm{mL\ KMnO_4/g\ 干土}) = (V_2 - V_1)/d_{wt}$$

式中　M——过氧化氢酶活性值；

V_2——对照所消耗的高锰酸钾毫升数，mL；

V_1——土壤样品所消耗的高锰酸钾毫升数，mL；

d_{wt}——烘干土壤质量，g。

（七）土壤酸性磷酸酶活性的测定

1. 实验原理

土壤磷酸酶活性是评价土壤磷素生物转化方向与强度的指标，可以表征土壤的肥力状况，特别是磷状况。土壤磷酸酶活性的测定常用各种磷酸酯作为基质，应用得最多的是酚酞磷酸酯、苯磷酸酯、甘油磷酸酯、α-萘磷酸酯、β-萘磷酸酯和 p-硝基苯磷酸酯等的水溶性钠盐。当它们被酶促水解时，能析出无机磷和基质的有机基团。当前，测定磷酸酶主要根据酶促作用生成的有机基团量或无机磷量计算磷酸酶活性，前一种通称为有机基团含量法，是目前较为常用的测定磷酸酶活性的方法；后一种称为无机磷含量法。

本实验以对硝基苯磷酸二钠（即 p-NPP）为基质，基质在土壤酸性磷酸酶的催化下水解生成黄色色的对硝基苯酚（即 p-NP），该黄色溶液在 410nm 处有最大吸收光值，根据对硝基苯酚的生成数量与黄色溶液的吸光度呈正比来进行定量分析，以此来反映土壤酸性磷酸酶的活性。

2. 实验试剂

（1）甲苯。

（2）苯磷酸二钠溶液　将 6.75g 苯磷酸二钠溶液（$C_6H_5PO_4Na_2 \cdot 2H_2O$）溶于水，并稀释至 1000mL（1mL 含 25mg 酚）。

（3）乙酸盐缓冲液（pH＝5.0）　称取 136g 乙酸钠（$C_2H_3O_2Na$）溶于 700mL 去离子水，用乙酸调节至 pH＝5.0，用去离子水稀释至 1000mL。

（4）柠檬酸盐缓冲液（pH＝7.0）　称取 300g 柠檬酸钾（$C_6H_5O_7K_3$）溶于 700mL 去离子水，用稀盐酸调节至 pH＝7.0，用去离子水稀释至 1000mL。

（5）硼酸盐缓冲液（pH＝9.6 与 pH＝10.0）　称取 12.404g 硼酸（H_3BO_3）溶于 700mL 去离子水，用稀 NaOH 溶液调节至 pH＝10.0，用去离子水稀释至 1000mL。

（6）Gibbs 试剂　将 200mg 2,6-双溴苯醌氯酰亚胺（$C_6H_2BrClNO$）溶于乙醇，并稀释至 100mL。

（7）标准溶液　①母液：1g 酚溶于蒸馏水中，并稀释至 1000mL，溶液保存在暗色瓶中。②工作液：10mL 溶液①稀释至 1000mL（1mL 含 10μg 酚）。

3. 实验步骤

（1）取 10g 过 1mm 筛的风干土样置于 l00mL 容量瓶中，用 1.5mL 甲苯

(泥炭土用5mL甲苯)处理15min后，加入10mL磷酸苯二钠溶液和10mL pH=5.0的乙酸盐缓冲液缓冲液。将反应混合物置于37℃恒温箱中，培养3h后(若不显色或显色不明显，则时间可增至24h)，用38℃的热水将瓶中内容物稀释至刻度(甲苯应浮在刻度以上)，再用致密滤纸过滤。对每一土样，设置用10mL水代替苯磷酸二钠基质的对照。并做空白无土对照。

(2) 取滤液1mL置于100mL容量瓶中，加5mL相应的缓冲液(根据酶的性质确定)，用水稀释至25mL，加1mL Gibbs试剂。将反应物仔细混合，静置20min。这时溶液呈现青色。用水将瓶中混合物稀释至刻度，并在24h内，用1cm液槽，在分光光度计上于波长578nm处测定颜色的深度，读取消光值。以供试样品所得消光值减去对照样品消光值的差，根据标准曲线，求出酚量。当酚含量小于50mg时，用2～4cm液槽进行比色。

(3) 标准曲线绘制。精确称取1g酚用蒸馏水溶至1000mL，保存在暗色瓶中，则得1mg/mL的酚标准液，分别吸取稀释100倍的酚标准液1mL、2mL、4mL、5mL、8mL、10mL、15mL于100mL容量瓶中，加5mL pH=9.6硼酸盐缓冲液，再加1mL Gibbs试剂，混合均匀放置20min后定容，24h内在分光光度计上于波长578nm处比色。以标准溶液浓度为横坐标、光密度值为纵坐标绘制标准曲线。

4. 结果计算

土壤酸性磷酸酶的活性用每克土中的对硝基苯酚的微克数表示，即：

$$\text{酸性磷酸酶的活性}=n\times M\times \text{稀释倍数}/(W\times t)$$

式中 n——标准曲线上查得样品中对硝基苯酚的浓度，mol/L；

M——对硝基苯酚的相对分子质量，为139.11g/mol；

t——反应时间，h；

W——样品土壤的质量，g。

第二章　农田灌溉及径流排水样品分析

第一节　样品采集、运输与保存

农业灌溉，主要是指对农业耕作区进行的灌溉作业。而农田排水的目的是排除农田里多余的地表水和地下水，控制地表径流以消除内涝，控制地下水位以防治渍害和土壤沼泽化、盐碱化，为改善农业生产条件和保证高产稳产创造良好条件。由于农田灌溉水中残留有大量的氮、磷和重金属污染物，农田径流排水形成的面源污染是造成附近水域水体污染（特别富营养化）的主要原因，因此农田灌溉水和排水也是农业生产中进行环境污染防治所监控的重点目标。为了防控农田灌溉水和排水的环境污染和危害，保障人体健康，维护生态平衡，促进经济发展，国家制定了《农田灌溉水质标准》（GB 5084—2005）。并对农田灌溉水水质监测方法做了相应的规定，详细见《农用水源环境质量监测技术规范》（NY/T 396—2000）。水样的运输和保存参考《水质采样　样品的保存和管理技术规定》（HJ493—2009）。

（一）实验目的

（1）了解农田灌溉及排水主要污染指标及相关标准。

（2）掌握农田灌溉及农田径流排水监测规范及采样布点的方法。

（3）掌握农田灌溉水样品的运输及保存方法。

（二）实验原理

在对农田灌溉水源水和农田径流排水进行采样时，监测点的布设是最为关键的环节。通常农用水源环境监测的布点原则要从水污染对农业生产的危害出发，突出重点，照顾一般。按污染分布和水系流向布点，“入水处多布，出水少布，重污染多布，轻污染少布”，把监测重点放在农业环境污染问题突出和对国家农业经济发展有重要意义的地方。同时在广大农区进行一些面上的定点监测，以发现新的污染问题。

此外，除了需要现场直接监测的指标（如 pH 值、DO、ORP 等）外，大部分水质指标的监测需要在实验室完成。各种类型水样由于从采集到实验室分析测定需要一段时间，可能引起环境条件的改变，微生物活动或物理化学作用的影响，造成水样理化性质发生变化，最终影响监测结果。因此水样采样后，尽快进行分析；如不能及时分析水样，应根据不同的监测项目要求，采取不同的保存方法。水样保存的方法通常包括冷藏、冷冻和化学药剂保存法。这两类方法都是通过抑制微生物活动、减缓物理挥发和化学反应速率来达到保存水样的目的。

（三）实验仪器与材料

（1）采样器的准备　农田废水采样器通常采用聚乙烯塑料水桶、单层采水器和有机玻璃采水器。聚乙烯塑料水桶：适用于水体中表层水除溶解氧、油类、细菌学指标等特殊要求以外的大部分水质和水生生物监测项目的采集。单层采水器：从表面水到较深的水体都可使用，适用于大部分监测项目样品采集，油类、细菌学指标必须使用这类采样器。有机玻璃采水器：该采水器桶内装有水银温度计，用途较广，除油类、细菌学指标以外，适用于水质、水生生物大部分监测项目的样品采集。

（2）现场采样物品准备　包括用于水质参数测定的 pH 计、溶解氧测定仪、电导仪、水温计、色度盘等。以及水文参数测量设备：流速、流量测定仪等。

（3）样品运输物品　木箱、冰壶等。以及样品保存化学药剂和玻璃器皿：酸、碱等化学试剂、移液管、洗耳球等。

（4）各种表格、标签、记录纸、铅笔等小型用品。

（四）实验内容与步骤

1. 农田灌溉试验点选择

选择小型河流或污水排放沟渠进行灌溉的农田作为采样对象。

2. 农田灌溉水监测点布设方法

对以农灌为主的小型河流，应根据利用情况，分段设置监测断面。在有污水流入的上游、清污混合处及其下游设置监测断面和在污水入口上方渠道中设置污水水质监测点，以了解进入灌溉渠的水质及污水对河流水质的影响。

监测断面设置方法：对于常年宽度大于 30m，水深大于 5m 的河流，应在所定监测断面上分左、中、右三处设取样点，采样时应在水面下 0.3～0.5m 处和距河底 2m 处各采水样一个分别测定；对于小于以上水深的河流，一般可在确定的采样断面中点处，在水面下 0.3～0.5m 处采一个样即可。

对连续向农区排放污（废）水的沟渠，应在排放单位的总排污口处，污水沟渠的上、中、下游各布设监测取样点，定期监测。

采用沟渠进行农田径流排水的，其布点和采样方法与污水沟渠相同。

3. 监测点数量

当河流用来引用灌溉农田时，在渠首附近设置一个断面。如有污水排入河段，在排污口上方污水渠设一个监测点，并在污水入口的上游，清污混流处及下游河道各设置一个断面。

污（废）水排放沟渠（及农田排水沟渠）监测点数量：在污（废）水排放沟渠上、中、下游和排污口各布设一个监测点。

4. 采样方法

水样一般采集瞬时样。采集水样前，应先用水样洗涤取样瓶和塞子 2～3 次。

在小型河流可以直接汲水的场地，可用适当的容器如聚乙烯桶采样。从桥上采集样品时，可将系着绳子的聚乙烯桶（或采样瓶）投入水中汲水。注意不能混入漂流于水面上的物质。

在河流不能直接汲水的场地，可乘坐船只采样。采样船定于采样点下游方向，避免船体污染水样和搅起水底沉积物。采样人应在船舷前部尽量使采样器远离船体采样。

连续向农区排放污（废）水的沟渠（及农田排水沟渠）首先在排放口用聚乙烯桶采样，其次在水路中用聚乙烯桶采样。

5. 采样深度、采样量和采样频率

对宽度大于 30m，水较深的河流，在水面下 0.3～0.5m 处和距河底 2m 处分别采集样品。对于水深小于 5m 的河流，在水面下 0.3～0.5m 处采集样品。水样的采集量，由监测项目决定，实际采水量为实际用量的 3～5 倍。一般采集 50～2000mL 即可达到要求。

用作灌溉的河流的采样频率，每年分丰、枯、平三水期，每期采样 1 次，同时，还要结合当地农作情况，在集中灌溉期间补充 1～2 次采样。污（废）水排放沟渠（及农田排水沟渠）水源的采样频率每年按旱季、雨季各采样 1 次。

6. 水样编号

通常，水样样品编号是由类别代号、顺序号组成。类别代号用农用水源关键字中文拼音的 1～2 个大写字母表示，即“SH”，表示农用水源样品。顺序号用阿拉伯数字表示不同地点采集的样品，样品编号从 SH001 号开始，一个顺序号为 1 个采样点采集的样品。对照点和背景点样，在编号后加“CK”，样品登记的编号、样品运转的编号均与采集样品的编号一致，以防混淆。

此外，样品采样后要及时进行记录。记录表至少应该包括下列资料：测定项目，水体名称，地点的位置，采样点，采样方法，水位或水流量，气象条件，水温，保存方法，样品的表观（悬浮物质、沉降物质、颜色等），有无臭气，采样日期，采样时间和采样人姓名等。

7. 样品的运输与保存

水样运输前必须逐个与采样记录和样品标签核对，核对无误后应将样品容器内、外盖盖紧，装箱时应用泡沫塑料或波纹纸间隔，防止样品在运输中因震动、碰撞而导致破损或沾污。需冷藏的样品应配备专门的隔热容器，放入制冷剂，样品瓶置于其中保存；样品运输时必须配专人押送，水样交实验分析时，接收者与运送者，首先要核对样品，验明标志，确切无误时双方在样品登记表上签字。

水样采样后，尽快进行分析；不能及时分析水样，一般采用化学法进行水样保存，保存剂可在采样后加入水样中。

（五）实验结果与分析

采用表 2-1 对水样样品进行登记记录。

表 2-1　农田灌溉和径流排水水质监测记录表

采样时间　　　年　　月　　日　　气温：　　共　页第　页

<table>
<tr><td>项目名称</td><td colspan="11"></td></tr>
<tr><td>采样地点</td><td colspan="11"></td></tr>
<tr><td>水样名称</td><td></td><td>断面位置</td><td></td><td>上游水体</td><td colspan="2"></td><td colspan="2"></td><td colspan="2"></td><td></td></tr>
<tr><td rowspan="2">水体感官描述</td><td>漂浮物</td><td>颜色</td><td>气味</td><td>浑浊度</td><td colspan="2">水生物</td><td colspan="2">……</td><td colspan="2"></td><td></td></tr>
<tr><td></td><td></td><td></td><td></td><td colspan="2"></td><td colspan="2"></td><td colspan="2"></td><td></td></tr>
<tr><td rowspan="2">样品编号</td><td rowspan="2">采样位置</td><td rowspan="2">采样时间</td><td rowspan="2">保存剂种类和数量</td><td rowspan="2">待测项目</td><td colspan="6">现场记录</td><td rowspan="2">备注</td></tr>
<tr><td>水温度</td><td colspan="2">pH 值</td><td colspan="2">DO</td><td>……</td></tr>
<tr><td></td><td></td><td></td><td></td><td></td><td></td><td colspan="2"></td><td colspan="2"></td><td></td><td></td></tr>
<tr><td></td><td></td><td></td><td></td><td></td><td></td><td colspan="2"></td><td colspan="2"></td><td></td><td></td></tr>
<tr><td></td><td></td><td></td><td></td><td></td><td></td><td colspan="2"></td><td colspan="2"></td><td></td><td></td></tr>
<tr><td></td><td></td><td></td><td></td><td></td><td></td><td colspan="2"></td><td colspan="2"></td><td></td><td></td></tr>
</table>

采样人：　　交接人：　　复核人：　　审核人：

（六）注意事项

1. 监测布点

选择河流断面位置应避开死水区，尽量在顺直河段、河床稳定、水流平稳、无急流湍滩处，并注意河岸情况变化。

在任何情况下，都应在水体混匀处设点，应避免因河（渠）水流急剧变化搅动底部沉淀物，引起水质显著变化而失去样品代表性。

在确定的采样点和岸边，选定或专门设置样点标志物，以保证各次水样取自同一位置口。

2. 采样

采样时保证采样点位置准确，不搅动底部沉积物。

洁净的容器在装入水样之前，应先用该采样点水样冲洗 2～3 次，然后装入水样。

待测溶解氧的水样应严格不接触空气，其他水样也应尽量少接触空气。

采样结束前，应仔细检查采样记录和水样，若漏采或不符合规定者，应立即补采或重采。经检查确定准确无误方可离开现场。

3. 水样保存

保存剂可在采样后加入水样中，为避免保存剂在现场被污染，也可在实验室将其预先加入容器内。但易变质的保存剂不能预先添加。水样的保存剂，如是酸碱应使用优级纯品。保存剂如含杂质太多，则必须提纯。分析水样时应做空白试验。

运输和保存过程中应避免震动、碰撞导致损失或玷污，同时应按采样点贴好标记，且有交接手续。农田灌溉和排水一般采用化学法进行水样保存。

第二节　常规指标分析

实验一　pH值和悬浮颗粒物总量分析

悬浮物（SS）总量和pH值是水和废水监测中最常见的理化指标。水质中的悬浮物（SS）是指水样通过孔径为0.45μm的滤膜，截留在滤膜上并于103～105℃烘干至恒重的固体物质。水中悬浮物（SS）是造成水浑浊的主要原因，有机悬浮物沉积后易厌氧发酵，使水质恶化，因此悬浮物（SS）含量是衡量水污染程度的指标之一。农田灌溉水要求SS≤80mg/L（水作）、SS≤100mg/L（旱作）。水体pH值表示水的酸碱性的强弱，pH值的变化预示了水污染的程度。天然水的pH值多在6～9范围内；农田灌溉水pH值要求在5.5～8.5之间。根据《农田灌溉水质标准》（GB 5084—2005）和《农用水源环境质量监测技术规范》（NY/T 396—2000）规定，农田灌溉与径流排水中悬浮物采用重量法测试，pH值采用比色法和玻璃电极法测试。比色法也称pH试纸法，是一种简单的粗略测定方法。常用的pH试纸包括广泛pH试纸和精密pH试纸；玻璃电极法由于其准确、快速，受水体色度、浊度、胶体物质、氧化剂、还原剂及盐度等因素的干扰少等优点，已成为pH测试的国标方法。

（一）实验目的

（1）掌握农田径流排水悬浮物总量（SS）监测方法。

（2）掌握农田径流排水pH值的监测方法。

（二）实验原理

（1）重量法测试水中悬浮物（SS）原理是取定量水样（通常为100mL），过滤（0.45μm的滤膜），于103～105℃烘干固体残留物及滤膜，将所称重量减去滤膜重量，即为悬浮颗粒物总量。

（2）电极法测试pH值是由测量电池的电动势而得。该电池通常由饱和甘汞电极为参比电极，玻璃电极为指示电极所组成。在25℃，溶液中每变化1个pH单位，电位差改变为59.16mV，据此在仪器上直接以pH值的读数表示。温度差异在仪器上有补偿装置。

（三）实验仪器与材料

1. 实验仪器

（1）pH测试仪器　酸度计（包括玻璃电极与甘汞电极）。常规检验使用的仪器，至少应当精确到0.1pH单位，pH值范围为0～14。

（2）SS测试仪器及设备　移液器；真空泵；布氏漏斗（0.45μm的滤膜）；鼓风干燥箱。

2. 试剂

（1）蒸馏水或同等纯度的水。

（2）pH标准缓冲溶液。

pH标准缓冲溶液甲（pH＝4.008，25℃）：称取先在110～130℃干燥2～3h的邻苯二甲酸氢钾（$KHC_8H_4O_4$）10.12g，溶于水并在容量瓶中稀释至1L。

pH标准缓冲溶液乙（pH＝6.865，25℃）：分别称取先在110～130℃干燥2～3h的磷酸二氢钾（KH_2PO_4）3.388g和磷酸氢二钠（Na_2HPO_4）3.533g，溶于水并在容量瓶中稀释至1L。

（四）实验内容与步骤

1. pH值测定

（1）采样　pH值最好现场测定。否则，应在采样后把水样保持在0～4℃，并在采样后6h之内进行测定。

（2）仪器校准　操作程序按仪器使用说明书进行。通常先将水样与标准溶液调到同一温度，记录测定温度，并将仪器温度补偿旋钮调至该温度上。用标准溶液校正仪器，该标准溶液与水样pH值相差不超过2个pH值单位。从标准溶液中取出电极，彻底冲洗并用滤纸吸干。再将电极浸入第二个标准溶液中，其pH值大约与第一个标准溶液相差3个pH值单位，如果仪器响应的示值与第二个标准溶液的pH（S）值之差大于0.1pH单位，就要检查仪器、电极或标准溶液是否存在问题。当三者均正常时，方可用于测定样品。

（3）水样测定　测定样品时，先用蒸馏水认真冲洗电极，再用水样冲洗，然后将电极浸入样品中，小心摇动或进行搅拌使其均匀，静置，待读数稳定时记下pH值。

2. SS测定

（1）采样　采集具有代表性的水样500～1000mL，盖严瓶塞。采集的水样应尽快分析测定。如需放置，应储存在4℃冷藏箱中，但最长不得超过7天。

（2）滤膜准备　用扁嘴无齿镊子夹取微孔滤膜放于事先恒重的称量瓶里，移入烘箱中于103～105℃烘干30min后取出置干燥器内冷却至室温，称其质量。反复烘干、冷却、称量，直至两次称量的质量差≤0.2mg。将恒重的微孔滤膜正确的放在滤膜过滤器上固定，以蒸馏水湿润滤膜，用于水样过滤。

（3）水样过滤与测定　量取充分混合均匀的水样100mL抽吸过滤。使水分全部通过滤膜。再以每次10mL蒸馏水连续洗涤3次，继续吸滤以除去痕量水分。停止吸滤后，仔细取出载有悬浮物的滤膜放在原恒重的称量瓶里，移入烘箱中于103～105℃烘干1h后移入干燥器中，使冷却到室温，称其质量。反复烘干、冷却、称量，直至两次称量的质量差≤0.4mg为止。

（五）实验结果与分析

（1）pH测试结果　酸度仪的读数即为废水pH值。

（2）SS测试结果计算　悬浮物含量（C）按照式(2-1)计算。

$$C=\frac{(A-B)\times 10^6}{V} \tag{2-1}$$

式中　C——悬浮物含量，mg/L；

A——悬浮固体＋滤膜及称量瓶重，g；

B——滤膜及称量瓶重，g；

V——水样体积，mL。

（六）注意事项

1. pH值测试

应按规范选择、处理和安装玻璃电极和甘汞电极；玻璃电极在使用前应在蒸馏水中浸泡24h以上。用毕，冲洗干净，浸泡在水中。此外，pH测量结果的准确度，首先决定于标准缓冲溶液pH标准值的准确度。因此，应按《pH测量用缓冲溶液制备方法》（JB/T 8276—1999）制备、保存缓冲溶液。

2. SS测试

树叶、木棒、水草等杂质应从水样中除去；废水黏度高时可加2～4倍蒸馏水稀释，震荡均匀，待沉淀物下降后再过滤。

实验二　溶解性无机氮磷分析

农田径流排水通常含有大量的氮、磷，是造成附近水域水体富营养化的主要原因。水中的氮磷存在的形态可分为有机氮磷和无机氮磷；通过过滤处理可见其分为颗粒态氮磷和溶解性氮磷。其中溶解性无机氮包括氨氮、亚硝态氮和硝态氮。溶解性磷主要为正磷酸盐。根据水与废水监测方法，可溶性无机氮磷均采用分光光度法测试。其中氨氮、硝态氮、亚硝态氮分别采用纳氏试剂光度法、紫外分光光度法和重氮偶合分光光度法检测；溶解性磷采用钼酸铵分光光度法测定。

（一）实验目的

（1）了解分光光度法测定废水氮、磷的一般步骤。

（2）掌握废水氨氮、亚硝态氮和硝态氮测试方法。

（3）掌握废水溶解性磷的测试方法。

（二）实验原理

（1）纳氏试剂法检测氨氮原理　碘化汞和碘化钾的碱性溶液与氨反应生成淡红棕色胶态化合物，此颜色在较宽的波长内具强烈吸收。通常测量用波长在410～425nm范围。

（2）紫外分光光度法检测硝态氮原理　利用硝酸盐在220nm波长具有紫外吸收和在275nm波长不具吸收的性质进行测定，于275nm波长测出有机物的吸收值在测定结果中校正。

（3）重氮偶合分光光度法检测亚硝态氮原理　在磷酸介质中，pH值为1.8时，水样中的亚硝酸根离子与4-氨基苯磺酰胺反应生成重氮盐，它再与*N*-(1-萘基)-乙二胺二盐酸盐偶联生成红色染料，在540nm波长处测定吸光度。

（4）钼酸铵分光光度法检测磷酸盐原理　在酸性介质中，正磷酸与钼酸铵反应，在锑盐存在下生成磷钼杂多酸后，立即被抗坏血酸还原，生成蓝色的络合物，在880nm和700nm波长下均有最大吸收度。

（三）实验仪器与材料

1. 实验仪器

包括实验室常用玻璃器皿、过滤装置和紫外可见分光光度计。

2. 测试氨氮试剂

包括无氨水、纳氏试剂、酒石酸钾钠溶液、铵标准溶液等。

（1）纳氏试剂　称取20g碘化钾溶于约100mL水中，边搅拌边分次少量加入二氯化汞（$HgCl_2$）结晶粉末（约10g），至出现朱红色沉淀不易溶解时，改为滴加饱和二氯化汞溶液，并充分搅拌，当出现微量朱红色沉淀不易溶解时，停止滴加氯化汞溶液。另称取60g氢氧化钾溶于水，并稀释至250mL，充分冷却至室温后，将上述溶液在搅拌下，徐徐注入氢氧化钾溶液中，用水稀释至400mL，混匀。静置过夜。将上清液移入聚乙烯瓶中，密塞保存。

（2）酒石酸钾钠溶液　称取50g酒石酸钾钠（$KNaC_4H_4O_6 \cdot 4H_2O$）溶于100mL水中，加热煮沸以除去氨，放冷，定容至100mL。

（3）铵标准储备溶液　称取3.819g经100℃干燥过的优级纯氯化铵（NH_4Cl）溶于水中，移入1000mL容量瓶中，稀释至标线。此溶液每毫升含1.0mg氨氮。

（4）铵标准使用溶液　移取5.00mL铵标准储备液于500mL容量瓶中，用水稀释至标线。此溶液每毫升含0.010mg氨氮。

3. 测试硝态氮试剂

包括无硝酸盐二次蒸馏水、盐酸、硝态氮标准液等。

（1）盐酸 1.0mol/L。

（2）硝态氮标准储备溶液（100mg/L） 硝酸钾在105℃烘箱烘3h，于干燥器中冷却后，称取0.7218g溶于纯水中，移至1000mL容量瓶，稀释至标线，0～10℃保存，稳定6个月。

（3）硝态氮标准使用液（10μg/mL） 取5mL 100μg/mL硝酸钾标准溶液氮储备液稀释至50mL容量瓶中，用水稀释至标线，混匀，浓度为10μg/mL。

4. 测试亚硝酸盐试剂

无亚硝酸盐二次蒸馏水、磷酸（1.5mol/L）、硫酸（18mol/L）、显色剂及亚硝酸盐标准溶液。

（1）显色剂 500mL烧杯内置入250mL水和50mL磷酸，加入20.0g-4-氨基苯磺酰胺。再将1.00g*N*-(1-萘基)-乙二胺二盐酸盐溶于上述溶液中，转移至500mL容量瓶中，用水稀至标线，摇匀。此溶液储存于棕色试剂瓶中，保存在2～5℃，至少可稳定1个月。

（2）亚硝酸盐氮储备溶液（250mg/L） 称取1.2328亚硝酸钠，溶于150mL水中，定量转移至1000mL容量瓶中，用水稀释至标线，摇匀。本溶液储存在棕色试剂瓶中，加入1mL氯仿，保存在2～5℃，至少稳定1个月。

（3）亚硝酸盐氮中间标准液（50mg/L） 取亚硝酸盐氮标准储备溶液50.00mL置250mL容量瓶中，用水稀释至标线，摇匀。此溶液储于棕色瓶内，保存在2～5℃，可稳定1周。

（4）亚硝酸盐氮标准工作液（10mg/L） 取亚硝酸盐氮中间标准液10mL于500mL容量瓶内，水稀释至标线，摇匀。此溶液使用时，当天配制。

注：亚硝酸盐氮中间标准液和标准工作液的浓度值，应采用储备溶液标定后的准确浓度的计算值。

5. 测试无机磷试剂

包括硫酸（1∶1）、钼酸盐溶液、抗坏血酸以及磷酸标准液。

（1）钼酸盐溶液 溶解13g钼酸铵［$(NH_4)_6MO_7O_{24}\cdot H_2O$］于100mL水中。溶解0.35g酒石酸锑钾［$KSbC_4H_4O_7\cdot H_2O$］于100mL水中。在不断搅拌下把钼酸铵溶液徐徐加到300mL硫酸（1∶1）中，加酒石酸锑钾溶液并且混合均匀。此溶液储于棕色试剂瓶中，在冷处可保存3个月。

（2）抗坏血酸（100g/L溶液） 溶解10g抗坏血酸（$C_6H_8O_6$）于水中，并稀释至100mL。此溶液储于棕色的试剂瓶中，在冷处可稳定几周。如不变色可长期使用。

（3）磷酸标准储备液（50μg/mL） 称取（0.2197±0.001）g于110℃干燥2h，在干燥器中放冷的磷酸二氢钾（KH_2PO_4），用水溶解后转移至1000mL容量瓶中，加入大约800mL水，加5mL 1：1硫酸，用水稀释至标线并混匀。1.00mL此标准溶液含50.0μg磷。

（4）磷标准使用溶液 将10.0mL的磷标准储备溶液转移至250mL容量瓶中，用水稀释至标线并混匀。1.00mL此标准溶液含2.0μg磷。需当天配置。

（四）实验内容与步骤

可溶性无机氮磷检测的一般步骤包括水样采集及前处理（过滤）、绘制标准曲线、水样测定和结果计算。

1. 水样过滤

量取充分混合均匀的水样100mL抽吸过滤；使水分全部通过滤膜（0.45μm孔径）。取适量过滤液进行下一步氮、磷含量分析。

2. 标准曲线绘制

（1）氨氮标准曲线 吸取0、0.50mL、1.00mL、3.00mL、5.00mL、7.00mL和10.00mL铵标准使用液于50mL比色管中，加水至标线，加1.0mL酒石酸钾钠溶液，混匀。加1.5mL纳氏试剂，混匀。放置10min后，在波长420nm处，用光程20mm比色皿，以实验水为参比，测量吸光度。由测得的吸光度，减去零浓度空白的吸光度后，得到校正吸光度，绘制以氨氮含量对校正吸光度的校准曲线。

（2）硝态氮标准曲线 分别吸取0、0.5mL、1.0mL、2.0mL、3.0mL、4.0mL硝态氮标准使用液于50mL比色管，加水至40mL左右，加1mL（1mol/L）的盐酸，定容至50mL刻度，混匀静置10min后，分别于波长220nm和275nm处比色，并以实验水为参比，计算校正吸光度：$A_{校}=A_{220}-2\times A_{275}$。绘制以硝态氮含量对校正吸光度的校准曲线。

（3）亚硝酸盐标准曲线 分别吸取0、1.0mL、3.0mL、5.0mL、7.0mL和10.0mL亚硝酸盐氮标准工作液于50mL比色管（或容量瓶）内，用水稀释至标线，加入显色剂1.0mL，密塞，摇匀，静置，此时pH值应为1.8±0.30。加入显色剂20min后、2h以内，在波长540nm处比色，测量溶液吸光度。同时以实验用水做参比，得到校正吸光度，绘制以亚硝态氮含量对校正吸光度的校准曲线。

（4）磷酸盐标准曲线 分别吸取1.00mL、0.50mL、1.00mL、2.50mL、5.00mL、10.00mL、15.00mL磷酸盐标准溶液于50mL比色管（或容量瓶）内，用水稀释至标线，加入1mL抗坏血酸溶液，摇匀。30s后加2mL钼酸盐溶液再加水至50mL标线。充分混合摇匀。静置15min后于波长700nm测定，记录溶液吸光度。同时以实验用水做参比，得到校正吸光度；绘制相应磷含量对校正吸光度的校准曲线。

3. 水样测定

水样的测定步骤与绘制标准曲线步骤相同。首先根据水样中无机氮、磷的含量以及测试方法的检出限，从过滤液中吸取适量的溶液于50mL比色管中，然后按照标准曲线绘制步骤加入显色剂，静置后在各自最大吸收波长处比色，最后记录吸光值。

其中，纳氏比色法测定氨氮的最低检出浓度为0.025mg/L，测定上限为2mg/L。紫外分光光度法测定硝态氮最低检出浓度为0.08mg/L，测定上限为4mg/L。重氮偶合比色法测定亚硝酸盐氮浓度的最低检出限浓度为0.003mg/L，测定上限为0.20mg/L。钼酸铵比色法测溶解性磷的最低检出浓度为0.01mg/L，测定上限为0.6mg/L。

当水样氮、磷浓度较高时，可相应用较少样品量或将样品进行稀释后再取样。

(五) 实验结果与分析

对校准曲线进行线性回归分析，获得无机氮、磷含量和吸光度的对应关系。然后根据水样测得的吸光度减去空白试验的吸光度后，从校准曲线可查得各个指标的含量（mg）。最后通过下式计算浓度c(mg/L)：

$$c(\text{mg/L})=(m/V)\times 1000$$

式中 m——由校准曲线查得的无机氮、磷含量，mg；

V——水样体积，mL。

(六) 注意事项

标准液使用前需进行标定。

实验三 颗粒态氮磷分析

颗粒态氮磷是指水中悬浮物颗粒中的总氮和总磷，通常是指废水经过0.45μm过滤膜过滤后，被滤膜截留的氮磷。颗粒态氮磷在一定的条件下会向水体释放，造成二次污染。由于废水中总氮总磷包括了颗粒态氮磷和溶解态氮磷，因此颗粒态氮磷含量可通过测试总磷后扣除溶解态氮磷获得。也可以通过直接测试滤膜上颗粒物中氮磷含量获得。目前测试颗粒物氮磷方法有两种，一种是将颗粒物刮落后、自然风干，按照土壤氮磷的测试方法测试氮磷含量，单位为mg/kg；另一种是将颗粒物刮落后加入定量的高纯水，按照废水全氮、全磷的测试方法进行测定，单位为mg/L。前者适用于颗粒物浓度较高的水样，后者适用于颗粒物浓度较低水样。两者单位可通过悬浮物（SS）含量相互转换。本实验采用后一种方法测试废水中颗粒态氮磷含量。根据国标方法，颗粒态总氮通常采用过硫酸钾消化后用紫外分光光度法检测；而颗粒态磷在过硫酸钾消化后采用钼锑抗分光光度法检测。

（一）实验目的

（1）了解颗粒态氮磷测定的前处理方法。

（2）掌握废水全氮、全磷的测定方法。

（二）实验原理

（1）准确取 100mL 水样，0.45μm 过滤膜过滤后，将滤膜上颗粒物全部洗入 100mL 容量瓶，定容。混匀后取样，按照废水全氮、全磷的国家标准测试方法测定氮磷含量。

（2）废水全氮测试原理：在 120～124℃下，碱性过硫酸钾溶液使样品中含氮化合物的氮转化为硝酸盐，采用紫外分光光度法于波长 220nm 和 275nm 处，分别测定吸光度 A_{220} 和 A_{275}，按公式 $A_{校}=A_{220}-2\times A_{275}$ 计算校正吸光度 A，总氮（以 N 计）含量与校正吸光度 A 成正比。

（3）废水全磷测试原理：在中性条件下用过硫酸钾（或硝酸-高氯酸）使试样消解，将所含磷全部氧化为正磷酸盐。在酸性介质中，正磷酸盐与钼酸铵反应，在锑盐存在下生成磷钼杂多酸后，立即被抗坏血酸还原，生成蓝色的络合物。在 880nm 和 700nm 波长下均有最大吸收度。通过校准曲线，可计算样品中磷含量。

（三）实验仪器与材料

1. 实验仪器

包括实验室常用仪器、过滤装置、紫外可见分光光度计以及高压蒸汽灭菌器（最高工作压力不低于 1.1～1.4kg/cm^2，最高工作温度不低于 120～124℃）。

2. 测试总氮试剂

包括无氨水、氢氧化钠、过硫酸钾、盐酸、硫酸和硝态氮标准液等。

（1）无氨水　每升水中加入 0.10mL 浓硫酸蒸馏，收集馏出液于具塞玻璃容器中。也可使用新制备的去离子水。

（2）浓盐酸　$\rho(HCl)=1.19g/mL$。

（3）浓硫酸　$\rho(H_2SO_4)=1.84g/mL$。

（4）氢氧化钠溶液　$\rho(NaOH)=200g/L$：称取 20.0g 氢氧化钠溶于少量水中，稀释至 100mL。$\rho(NaOH)=20g/L$：量取 200g/L 氢氧化钠溶液 10.0mL，用水稀释至 100mL。

（5）碱性过硫酸钾溶液　称取 40.0g 过硫酸钾溶于 600mL 水中（可置于 50℃水浴中加热至全部溶解）；另称取 15.0g 氢氧化钠溶于 300mL 水中。待氢氧化钠溶液温度冷却至室温后，混合两种溶液定容至 1000mL，存放于聚乙烯瓶中，可保存 1 周。

(6) 硝酸钾标准储备液　$\rho(N)=100mg/L$：称取 0.7218g 硝酸钾溶于适量水，移至 1000mL 容量瓶中，用水稀释至标线，混匀。加入 1～2mL 三氯甲烷作为保护剂，在 0～10℃暗处保存，可稳定 6 个月。也可直接购买市售有证标准溶液。

(7) 硝酸钾标准使用液　$\rho(N)=10.0mg/L$：量取 10.00mL 硝酸钾标准储备液至 100mL 容量瓶中，用水稀释至标线，混匀，临用现配。

3. 测试总磷试剂

包括硫酸、氢氧化钠、过硫酸钾、钼酸盐溶液、抗坏血酸以及磷酸标准液。

(1) 硫酸　1∶1。

(2) 氢氧化钠溶液　$\rho(NaOH)=200g/L$：称取 20.0g 氢氧化钠溶于少量水中，稀释至 100mL。$\rho(NaOH)=20g/L$：量取 200g/L 氢氧化钠溶液 10.0mL，用水稀释至 100mL。

(3) 过硫酸钾溶液（50g/L）　将 5g 过硫酸钾（$K_2S_2O_8$）溶解于水，并稀释至 100mL。

(4) 钼酸盐溶液　溶解 13g 钼酸铵于 100mL 水中。溶解 0.35g 酒石酸锑钾于 100mL 水中。在不断搅拌下把钼酸铵溶液徐徐加到 300mL 硫酸（1∶1）中，加酒石酸锑钾溶液并且混合均匀。此溶液储于棕色试剂瓶中，在冷处可保存 3 个月。

(5) 抗坏血酸（100g/L 溶液）　溶解 10g 抗坏血酸（$C_6H_8O_6$）于水中，并稀释至 100mL。此溶液储于棕色的试剂瓶中，在冷处可稳定几周。如不变色可长期使用。

(6) 磷酸标准储备液（50μg/mL）　称取（0.2197±0.001)g 于 110℃干燥 2h，在干燥器中放冷的磷酸二氢钾（KH_2PO_4）用水溶解后转移至 1000mL 容量瓶中，加入大约 800mL 水，加 5mL 1∶1 硫酸，用水稀释至标线并混匀。1.00mL 此标准溶液含 50.0μg 磷。

(7) 磷标准使用溶液　将 10.0mL 的磷标准储备溶液转移至 250mL 容量瓶中，用水稀释至标线并混匀。1.00mL 此标准溶液含 2.0μg 磷。需当天配置。

(四) 实验内容与步骤

1. 水样过滤及保存

准确量取充分混合均匀的水样 100mL 抽吸过滤，使水分全部通过滤膜(0.45μm 孔径)。再以每次 10mL 蒸馏水连续洗涤 3 次，继续吸滤以除去痕量水分。接着用刮刀将滤膜上颗粒物刮下，再用高纯水分多次将滤膜上颗粒物全部洗入 100mL 容量瓶，定容。测试全氮样品用浓硫酸调节 pH 值至 1～2，常温下可保存 7 天，或低温保存。测定全磷时水样加入 1mL 硫酸调节样品的 pH 值，使之低于或等于 1，或不加任何试剂低温冷藏。

2. 标准曲线绘制

（1）硝态氮标准曲线　分别量取 0、0.20mL、0.50mL、1.00mL、3.00mL 和 7.00mL 硝酸钾标准使用液于 25mL 具塞磨口玻璃比色管中，其对应的总氮（以 N 计）含量分别为 0、2.00μg、5.00μg、10.0μg、30.0μg 和 70.0μg。加水稀释至 10.00mL，再加入 5.00mL 碱性过硫酸钾溶液，塞紧管塞，用纱布和线绳扎紧管塞，以防弹出。将比色管置于高压蒸汽灭菌器中，加热至顶压阀吹气，关阀，继续加热至 120℃ 开始计时，保持温度在 120～124℃ 之间 30min。自然冷却、开阀放气，移去外盖，取出比色管冷却至室温，按住管塞将比色管中的液体颠倒混匀 2～3 次。每个比色管分别加入 1.0mL 盐酸溶液，用水稀释至 25mL 标线，盖塞混匀。使用 10mm 石英比色皿，在紫外分光光度计上，以水作参比，分别于波长 220nm 和 275nm 处测吸光度。后通过 $A_{校}=A_{220}-2\times A_{275}$ 计算校正吸光度，绘制以硝态氮含量对校正吸光度的校准曲线。

（2）磷酸盐标准曲线　分别吸取 1.00mL、0.50mL、1.00mL、2.50mL、5.00mL、10.00mL、15.00mL 磷酸盐标准溶液于 50mL 比色管内，加入 4.00mL 碱性过硫酸钾溶液，塞紧管塞，用纱布和线绳扎紧管塞，以防弹出。将比色管置于高压蒸汽灭菌器中，加热至顶压阀吹气，关阀，继续加热至 120℃ 开始计时，保持温度在 120～124℃ 之间 30min。自然冷却、开阀放气，移去外盖，取出比色管冷却至室温。用水稀释至标线，加入 1mL 抗坏血酸溶液，摇匀。30s 后加 2mL 钼酸盐溶液再加水至 50mL 标线。充分混合摇匀。静置 15min 后使用 30mm 比色皿，于波长 700nm 测定吸光度。同时以实验用水做参比，得到校正吸光度；绘制相应磷含量对校正吸光度的校准曲线。

3. 样品测定

水样的测定步骤与绘制标准曲线步骤相同。量取 10mL 氮、25mL 磷过滤后保存水样（充分混合均匀），按照标准曲线测定步骤测定水样吸光度。

（五）实验结果与分析

对校准曲线进行线性回归分析，获得氮磷含量和吸光度的对应关系。然后根据水样测得的吸光度减去空白试验的吸光度后，从校准曲线可查得各个指标的含量（mg）。最后通过下式计算浓度 c(mg/L)：

$$c=(m/V)\times 1000$$

式中　c——颗粒态氮、磷浓度，mg/L；

　　m——由校准曲线查得的氮、磷含量，mg；

V——水样体积，mL。

测试结果可以通过悬浮物（SS）含量C_{SS}转换为mg/kg。

$$C(mg/kg)=(m/V)/C_{SS}$$

式中 C_{SS}——悬浮物含量，mg/L。

（六）注意事项

某些含氮有机物在本标准规定的测定条件下不能完全转化为硝酸盐。

测定应该在无氨的实验室环境中进行，以避免环境交叉污染对测定结果产生影响。

在碱性过硫酸钾溶液配制过程中，温度过高会导致过硫酸钾分解失效，因此要控制水浴温度在60℃以下，而且应待氢氧化钠溶液温度冷却至室温后，再将其与过硫酸钾溶液混合、定容。

含磷量较少的水样，不要用塑料瓶采样，因磷酸盐易吸附在塑料瓶壁上。

第三节 污染物分析

实验一 颗粒及溶解态重金属（铅、镉、铜、锌）的分析

重金属是目前土壤污染的主要污染物，含重金属的废水经过各种途径进入农田并累积，可造成农田土壤严重污染。土壤重金属污染会造成农作物产量和质量的下降，并可通过食物链危害人类的健康。因此，重金属含量是农田灌溉和农田排水的水质监测指标之一。常用于描述废水中重金属浓度的指标包括重金属总量、溶解态含量和颗粒态含量。总量是指未经过滤的样品经强烈消解后测得的金属浓度，或样品中溶解和悬浮的两部分金属浓度的总量。溶解态金属是指未酸化的样品中能通过0.45μm滤膜的金属成分。颗粒态金属是指被0.45μm滤膜截留的金属含量。其中，溶解态的重金属具有较高的生物可利用性，具有直接的生态风险；颗粒态重金属可被土壤截留，随着环境条件（如pH值）的改变，重新释放进入土壤间隙中，而被生物所利用。铅、镉、铜、锌是最常见的废水重金属类型，由于它们的分析方法都可以采用原子吸收分光光度法进行，因为经常作为一组指标被研究和评价。

农田灌溉水和排水中重金属铅、镉、铜、锌采用国标《水质铜、锌、铅、镉的测定—原子吸收分光光度法》（GB 7475—1987）进行分析，根据该方法，废水中重金属方法包括直接法和螯合萃取法。直接法适用于测定地下水、地面水和废水中的铜、锌、铅、镉。螯合萃取法适用于测定地下水和清洁地面水中低浓度的铜、铅、镉。因此本实验采用直接法检测农田灌溉水和排水的重金属。

（一）实验目的

（1）掌握废水中溶解态重金属的分析方法。

（2）理解直接法和间接法测试颗粒态重金属的方法。

（3）掌握颗粒态重金属的消解方法。

（二）实验原理

水样经过 0.45μm 滤膜过滤后，划分为颗粒态和溶解态重金属。溶解态重金属可直接采用原子吸收分光光度法测试，含量过高时需做稀释处理，单位以μg/L表示。颗粒态重金属需要经过消解处理才能进行分光光度法测量。现有报道颗粒态重金属的测定可分为直接法测定和间接法测定。间接法测定的原理是测可溶态重金属的同时，取相同体积水样测定重金属含量；则颗粒态重金属浓度可由重金属含量减去可溶态重金属含量获得，单位为 μg/L；直接测量法是通过膜过滤后，将滤膜上截获的颗粒重金属转入消解瓶中进行消解后测定重金属含量，单位可以 μg/g 表示，或者通过废水中 SS 浓度换算为 μg/L。通常间接法适用于 SS 浓度较低的水体，而直接法适用于 SS 浓度较高水体。

原子吸收分光光度法测试重金属的原理，是将样品或消解处理过的样品直接吸入火焰，在火焰中形成的原子对特征电磁辐射产生吸收，将测得的样品吸光度和标准溶液的吸光度进行比较，确定样品中被测元素的浓度。

（三）实验仪器与材料

1. 仪器

一般实验室仪器、过滤装置和原子吸收分光光度计及相应的辅助设备，配有乙炔-空气燃烧器；光源选用空心阴极灯或无极放电灯。

2. 试剂

除非另有说明，分析时均使用符合国家标准或专业标准的分析纯试剂、去离子水或同等纯度的水。

（1）硝酸（HNO_3） ρ=1.42g/mL，优级纯。

（2）硝酸（HNO_3） ρ=1.42g/mL，分析纯。

（3）高氯酸（$HClO_4$） ρ=1.67g/mL，优级纯。

（4）燃料　乙炔，用钢瓶气或由乙炔发生器供给，纯度不低于 99.6%。

（5）氧化剂　空气，一般由气体压缩机供给，进入燃烧器以前应经过适当过滤，以除去其中的水、油和其他杂质。

（6）1∶1 硝酸溶液　用优级纯硝酸配制。

（7）1∶499 硝酸溶液　用优级纯硝酸配制。

（8）金属储备液　1.000g/L，称取 1.000g 光谱纯金属，准确到 0.001g，用优级纯硝酸溶解，必要时加热，直至溶解完全，然后用水稀释定容至 1000mL。

（9）中间标准溶液　用 1∶1 硝酸溶液稀释金属储备液配制，此溶液中铜、锌、铅、镉的浓度分别为50.00mg/L、10.00mg/L、100.0mg/L和10.00mg/L。

（四）实验内容与步骤

1. 采样、样品保存

用聚乙烯塑料瓶采集农田灌溉水或农田排水水样。采样瓶先用洗涤剂洗净，再在1∶1硝酸溶液中浸泡，使用前用水冲洗干净。分析金属总量的样品，采集后立即加硝酸（ρ=1.42g/mL）酸化至pH=1～2，正常情况下，每1000mL样品加2mL硝酸（ρ=1.42g/mL）。

2. 水样过滤

分析溶解态金属时，样品采集后立即通过0.45μm滤膜过滤，得到的滤液再按1. 中的要求酸化。本实验采用间接法测定废水中颗粒态重金属浓度。因此，需要取两个等体积的水样，其中一个做过滤处理，测定溶解态重金属含量；另一个水样不过滤，直接经消解后上机测定重金属含量。

3. 样品测定

（1）样品预处理　测定溶解态重金属时，无需消解处理，可直接取样上机测定。如浓度超出测定上限，应做稀释处理。

测定废水重金属全量时，按如下步骤进行消解预处理，后上机测定。

混匀后取100.0mL实验室样品置于200mL烧杯中，加入5mL硝酸（ρ=1.42g/mL），在电热板上加热消解，确保样品不沸腾，蒸至10mL左右，再加入5mL硝酸（ρ=1.42g/mL）和2mL高氯酸（ρ=1.67g/mL），继续消解，蒸至1mL左右。如果消解不完全，再加入5mL硝酸（ρ=1.42g/mL）和2mL高氯酸（ρ=1.67g/mL），再蒸至1mL左右。取下冷却，加水溶解残渣，通过中速滤纸（预先用酸洗）滤入100mL容量瓶中，用水稀释至标线。

在测定样品的同时，需测定空白。取100.0mL 1∶499硝酸溶液代替样品，置于200mL烧杯中，按上述方法进行预处理。

（2）制作标准溶液　参照表2-2，在100mL容量瓶中，取中间标准溶液，配制至少4个工作标准溶液，其浓度范围应包括样品中被测元素的浓度。

表2-2　四类重金属工作标准溶液浓度配置

中间标准溶液加入体积/mL		0.50	1.00	3.00	5.00	10.0
工作标准溶液浓度/(mg/L)	铜	0.25	0.50	1.50	2.50	5.00
	锌	0.05	0.10	0.30	0.50	1.00
	铅	0.50	1.00	3.00	5.00	10.0
	镉	0.05	0.10	0.30	0.50	1.00

注：定容体积为100mL。

测定金属总量时，如果样品需要消解，则工作标准溶液也按样品预处理中的步骤进行消解。

(3) 上机测定　按照表2-3选择波长和调节火焰，吸入1∶499硝酸溶液，将仪器调零。吸入空白、工作标准溶液或样品，记录吸光度。

表2-3　四种重金属测定特征波长选择

元　　素	特征谱线波长/nm	火焰类型
铜	324.7	乙炔空气，氧化性
锌	213.8	乙炔空气，氧化性
铅	283.3	乙炔空气，氧化性
镉	228.8	乙炔空气，氧化性

(4) 制定标准曲线　用测得的工作标准溶液的吸光度（扣除空白后）与相对应的浓度绘制校准曲线，用以计算水样中重金属含量。

(五) 实验结果与分析

根据扣除空白吸光度后的样品吸光度，在校准曲线上查出样品中的金属浓度。

实验室样品中的金属浓度按下式计算：

$$c=(W/V)\times 1000$$

式中　c——实验室样品中的金属浓度，mg/L；

W——试份中的金属含量，μg；

V——试份的体积，mL。

报告结果时，要指明测定的是溶解的金属还是金属总量。

(六) 注意事项

(1) 消解中使用的高氯酸有爆炸危险，整个消解要在通风橱中进行。

(2) 制定标准曲线溶液时，溶液浓度梯度应该根据水样中重金属浓度来设置，通常需确保水样浓度在标准液浓度的中间位置。过低或过高都容易造成误差。

(3) 在上机测定过程中，要定期地复测空白和工作标准溶液，以检查基线的稳定性和仪器的灵敏度是否发生了变化。

(4) 为了检验是否存在基体干扰或背景吸收，原则上需要进行验证试验。一般通过测定加标回收率判断基体干扰的程度，通过测定特征谱线附近1nm内的一条非特征吸收谱线处的吸收可判断背景吸收的大小。根据表2-4选择与特征谱线对应的非特征吸收谱线。

表 2-4　四种金属的特征谱线与非特征吸收谱线

元　素	特征谱线/nm	非特征吸收谱线/nm
铜	324.7	324(锆)
锌	213.8	214(氘)
铅	283.3	283.7(锆)
镉	228.8	229(氘)

根据验证试验的结果，如果存在基体干扰，用标准加入法测定并计算结果。如果存在背景吸收，用自动背景校正装置或邻近非特征吸收谱线法进行校正，后一种方法是从特征谱线处测得的吸收值中扣除邻近非特征吸收谱线处的吸收值，得到被测元素原子的真正吸收。此外，也可使用螯合萃取法或样品稀释法降低或排除产生基体干扰或背景吸收的组分。

实验二　颗粒及溶解态重金属汞的分析

汞及其化合物属于剧毒物质，废水中的汞主要来源于工业废水排放。天然水中汞含量一般不会超过 0.1μg/L。农田灌溉水质要求总汞浓度小于 0.001μg/L。和其他重金属一样，农田用水和排水中砷的形态可分为颗粒态和溶解态两类，溶解态指废水样品中能通过 0.45μm 滤膜的砷；颗粒态指被过滤膜所截留的砷。当废水中颗粒物浓度（SS）较低时，颗粒态汞含量可通过测定废水中总汞浓度减去可溶性汞浓度获得。

总汞指未经过滤的样品经消解后测得的汞，包括无机汞和有机汞。总汞和溶解态汞的测定均可参考国标法《水质　总汞的测定　冷原子吸收分光光度法》（HJ 597—2011）进行。测定总汞时，需要对水样进行消解预处理，常用的方法包括高锰酸钾-过硫酸钾消解法、溴酸钾-溴化钾消解法和微波消解法。本实验采用高锰酸钾-过硫酸钾消解法。

（一）实验目的

（1）掌握农田灌溉及径流排水中可溶态汞和总汞测定的原理。

（2）学习冷原子吸收法测定废水中汞含量的具体方法。

（二）实验原理

在加热条件下，用高锰酸钾和过硫酸钾在硫酸-硝酸介质中消解样品；消解后的样品中所含汞全部转化为二价汞，用盐酸羟胺将过剩的氧化剂还原，再用氯化亚锡将二价汞还原成金属汞。在室温下通入空气或氮气，将金属汞气化，载入冷原子吸收汞分析仪，于 253.7nm 波长处测定响应值，汞的含量与响应值成正比。

（三）实验仪器与材料

1. 实验仪器

（1）冷原子吸收汞分析仪，具空心阴极灯或无极放电灯。

（2）反应装置：总容积为250mL、500mL，具有磨口，带莲蓬形多孔吹气头的玻璃翻泡瓶，或与仪器相匹配的反应装置。

注：采用密闭式反应装置可测定更低含量的汞，反应装置详见图 2-1。

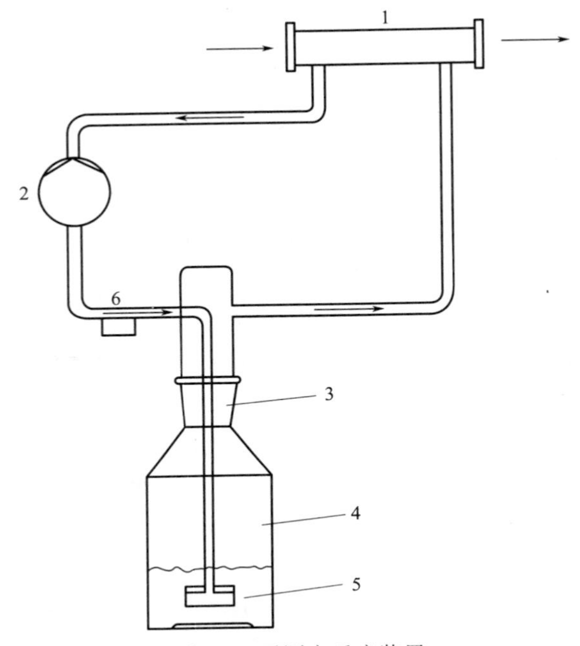

图 2-1 汞测定反应装置

1—吸收池；2—循环泵；3—玻璃磨口；4—反应瓶；5—多孔玻板；6—流量计

汞测定反应装置包括吸收池（内径 2cm，长 15cm，材质为硼硅玻璃或石英，吸收池的两端具有石英窗）；循环泵（隔膜泵或蠕动泵，流量为 1～2L/min）；玻璃磨口（29/32）；反应瓶（100mL、250mL 和 1000mL）；多孔玻板；流量计。

（3）可调温电热板或高温电炉。

（4）恒温水浴锅：温控范围为室温～100℃。

（5）样品瓶：500mL、1000mL，硼硅玻璃或高密度聚乙烯材质。

（6）一般实验室常用仪器和设备。

2. 试剂

除非另有说明，分析时均使用符合国家标准的分析纯试剂，实验用水为无汞水（二次重蒸水或去离子水）。

（1）浓硫酸 $\rho(H_2SO_4)=1.84g/mL$，优级纯。

（2）浓盐酸　$\rho(HCl)=1.19g/mL$，优级纯。

（3）浓硝酸　$\rho(HNO_3)=1.42g/mL$，优级纯。

（4）硝酸溶液　1：1；量取100mL浓硝酸（3），缓慢倒入100mL无汞水中。

（5）高锰酸钾溶液　$\rho(KMnO_4)=50g/L$。称取50g高锰酸钾（优级纯，必要时重结晶精制）溶于少量无汞水中。然后定容至1000mL。

（6）过硫酸钾溶液　$\rho(K_2S_2O_8)=50g/L$。称取50g过硫酸钾溶于少量无汞水中。然后用无汞水定容至1000mL。

（7）无汞盐酸羟胺溶液　$\rho(NH_2OH \cdot HCl)=200g/L$。称取200g盐酸羟胺溶于适量无汞水中，然后定容至1000mL。该溶液常含有汞，应采用巯基棉纤维管除汞法或者萃取除汞法提纯。或直接购置有证溶液。

（8）氯化亚锡溶液　$\rho(SnCl_2)=200g/L$。称取20g氯化亚锡（$SnCl_2 \cdot 2H_2O$）于干燥的烧杯中，加入20mL浓盐酸（$\rho=1.84g/mL$），微微加热。待完全溶解后，冷却，再用无汞水稀释至100mL。若含有汞，可通入氮气或空气去除。

（9）重铬酸钾溶液　$\rho(K_2Cr_2O_7)=0.5g/L$。称取0.5g重铬酸钾（优级纯）溶于950mL无汞水中，再加入50mL浓硝酸（$\rho=1.42g/mL$）。

（10）汞标准储备液　$\rho(Hg)=100mg/L$。称取置于硅胶干燥器中充分干燥的0.1354g氯化汞（$HgCl_2$），溶于重铬酸钾溶液后，转移至1000mL容量瓶中，再用重铬酸钾溶液稀释至标线，混匀。也可购买有证标准溶液。

（11）汞标准中间液　$\rho(Hg)=10.0mg/L$。量取10.00mL汞标准储备液至100mL容量瓶中。用重铬酸钾溶液（13）稀释至标线，混匀。

（12）汞标准使用液Ⅰ　$\rho(Hg)=10\mu g/L$。量取10.00mL汞标准中间液至1000mL容量瓶中，用重铬酸钾溶液稀释至标线，混匀。室温阴凉处放置，可稳定100天左右。量取10.00mL上述标定液至100mL容量瓶中。用重铬酸钾溶液稀释至标线，混匀，临用现配。

（13）稀释液　称取0.2g重铬酸钾（优级纯）溶于900mL无汞水中，再加入27.8mL浓硫酸（$\rho=1.84g/mL$），稀释至1000mL标定。

（四）实验内容与步骤

1. 样品的采集和保存

采集水样时，样品应尽量充满样品瓶，以减少器壁吸附。工业废水和生活污水样品采集量应不少于500mL，地表水和地下水样品采集量应不少于1000mL。

采样后应立即以每升水样中加入10mL浓盐酸（$\rho=1.19g/mL$）的比例对水样进行固定，固定后水样的pH值应小于1，否则应适当增加浓盐酸的加入量，然后加入 0.5g 重铬酸钾（优级纯），若橙色消失，应适当补加重铬酸钾，使水样呈持久的淡橙色，密塞，摇匀。在室温阴凉处放置，可保存 1 个月。

2. 水样过滤

分析溶解态金属汞时，样品采集后立即通过 0.45μm 滤膜过滤，得到的滤液再按 1. 中的要求酸化保存。本实验采用间接法测定废水中颗粒态汞浓度。因此，需要取两个等体积的水样，其中一个做过滤处理，测定溶解态汞含量；另一个水样不过滤，直接经消解后测定废水中汞含量。

3. 试样的制备

废水总汞测定之前，需要进行消解预处理，通常采用的方法包括，高锰酸钾-过硫酸钾消解法、溴酸钾-溴化钾消解法和微波消解法。其中高锰酸钾-过硫酸钾消解法包括近沸保温法和煮沸法。近沸保温法适用于地表水、地下水和汞浓度较低的工业废水和生活污水。本例农田灌溉和径流排水含汞量较低，因此采用近沸保温法进行消解预处理。步骤如下所述。

样品摇匀后，量取 200.0mL 样品移入 500mL 锥形瓶中。若样品中汞含量较高，可减少取样量并稀释至 100mL。

依次加入 5.0mL 浓硫酸（ρ=1.84g/mL）、5.0mL 1∶1 硝酸溶液和 4mL 高锰酸钾溶液（ρ=50g/L），摇匀。若 15min 内不能保持紫色，则需补加适量高锰酸钾溶液，以使颜色保持紫色，但高锰酸钾溶液总量不超过 30mL。然后，加入 4mL 过硫酸钾溶液（ρ=50g/L）。

插入漏斗，置于沸水浴中在近沸状态保温 1h，取下冷却。

测定前，边摇边滴加盐酸羟胺溶液（ρ=200g/L），直至刚好使过剩的高锰酸钾及器壁上的二氧化锰全部褪色为止，待测。

4. 空白试样的制备

用实验用无汞水代替样品，按照试样制备步骤制备空白试样，并把采样时加的试剂量考虑在内。

5. 测定

（1）绘制校准曲线　第一步，分别量取 0、0.50mL、1.00mL、2.00mL、3.00mL、4.00mL 和 5.00mL 汞标准使用液Ⅰ（ρ=10μg/L）于 200mL 容量瓶中，用稀释液定容至标线，总汞质量浓度分别为 0、0.025μg/L、0.050μg/L、0.100μg/L、0.150μg/L、0.200μg/L 和 0.250μg/L。

第二步，将上述标准系列依次移至 500mL 反应装置（图 2-1）中，加入 5mL 氯化亚锡溶液（ρ=200g/L），迅速插入吹气头，由低浓度到高浓度测定响应值。以零浓度校正响应值为纵坐标，对应的总汞质量浓度（μg/L）为横坐标，绘制校准曲线。

（2）测定　将待测水样（测溶解态汞水样和测总汞水样）转移至500mL反应装置中，按照绘制校准曲线第二步测定。

（3）空白试验　按照与试样测定相同步骤进行空白试样的测定。

（五）实验结果与分析

样品中总汞的质量浓度ρ（μg/L），按照下式进行计算。

$$\rho=\frac{(\rho_1-\rho_0)\times V_0}{V}\times\frac{V_1+V_2}{V_1}$$

式中　ρ——样品中总汞的质量浓度，μg/L；

ρ_1——根据校准曲线计算出试样中总汞的质量浓度，μg/L；

ρ_0——根据校准曲线计算出空白试样中总汞的质量浓度，μg/L；

V_0——标准系列的定容体积，mL；

V_1——采样体积，mL；

V_2——采样时向水样中加入浓盐酸体积，mL；

V——制备试样时分取样品体积，mL。

当测定结果小于10μg/L时，保留到小数点后两位；大于等于10μg/L时，保留三位有效数字。

（六）注意事项

（1）重铬酸钾、汞及其化合物毒性很强，操作时应加强通风，操作人员应佩戴防护器具，避免接触皮肤和衣物。

（2）试验所用试剂（尤其是高锰酸钾）中的汞含量对空白试验测定值影响较大。因此，试验中应选择汞含量尽可能低的试剂。

（3）水蒸气对汞的测定有影响，会导致测定时响应值降低，应注意保持连接管路和汞吸收池干燥。可通过红外灯加热的方式去除汞吸收池中的水蒸气。

（4）反应装置的连接管宜采用硼硅玻璃、高密度聚乙烯、聚四氟乙烯、聚砜等材质，不宜采用硅胶管。

实验三　颗粒及溶解态类金属砷的分析

砷是自然界中普遍存在的元素。天然水中的砷主要来源于含砷岩石的风化，煤和石油的燃烧，受砷污染水体最主要的来源是含砷“三废”的排放和一些含砷农药的使用。砷不是人体所必需的元素，它的化合物具有剧毒，容易在人体内积累造成急性或慢性中毒。同时砷也是一种致癌物质，如果环境中砷过量，则会对人体造成极大的危害。和其他污染物一样，农田灌溉和排水中的砷可分为颗粒态和溶解态两类，溶解态指废水样品中能通过0.45μm滤膜的砷；颗粒态指被过滤膜所截留的砷。同样，颗粒态的砷的测定有两种，常用的间接计算法是通过测定废水中总砷含量减去可溶态砷含量获得。

废水中总砷指单体形态、无机和有机化合物中砷的总量。砷的测定按照国标法《水质—总砷的测定—二乙基二硫代氨基甲酸银分光光度法》（GB 7485—1987）采用二乙基二硫代氨基甲酸银分光光度法进行。该方法最低检测浓度为0.007mg/L，测定上限为0.50mg/L。

（一）实验目的

（1）掌握农田灌溉及径流排水中可溶态砷和总砷测定的原理。

（2）学习比色法测定废水中砷含量的具体方法。

（二）实验原理

比色法测定废水中的砷的原理如下：锌与酸作用，产生新生态氢，在碘化钾和氯化亚锡存在下，使五价砷还原为三价砷，三价砷被初生态氢还原成砷化氢（胂）；用二乙基二硫代氨基甲酸银-三乙醇胺的氯仿液吸收胂，生成红色胶体银，在波长530nm处，测量吸收液的吸光度。

（三）实验仪器与材料

1. 实验仪器

包括一般实验仪器，过滤装置，分光光度计和砷化氢发生装置。

砷化氢发生装置如图2-2所示：150mL锥形瓶（砷化氢发生瓶）、导气管（一端带有磨口接头，并有一球形泡内装乙酸铅棉花；一端被拉成毛细管，管口直径不大于1mm）、试管（吸收管）。

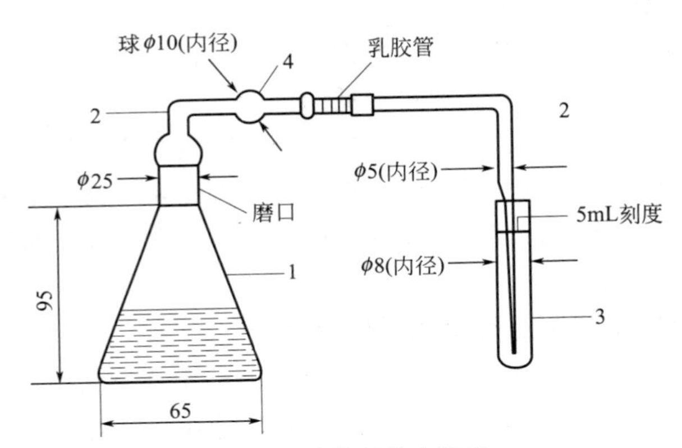

图2-2　砷化氢发生装置

1—用150mL磨口锥形瓶作砷化氢发生瓶；2—连接导管分成两段，中间用乳胶管连接，左边有一磨口接口与砷化氢发生瓶连接；3—吸收管；4—乙酸铅棉花装填处

注：吸收液柱高保持8～10cm。

2. 试剂

蒸馏水或同等纯度的水。

二乙基二硫代氨基甲酸银（$C_5H_{10}NS_2Ag$）。

三乙醇胺［$(HOCH_2CH_3)_3N$］。

氯仿（$CHCl_3$）。

无砷锌粒（10～20目）。

盐酸（ρ=1.19g/mL）。

硝酸（ρ=1.40g/mL）。

硫酸（ρ=1.84g/mL）。

2mol/L硫酸溶液。

2mol/L氢氧化钠溶液（储存在聚乙烯瓶中）。

150g/L碘化钾溶液（储存在棕色玻璃瓶中）：将15g碘化钾（KI）溶于水中并稀释到100mL。

150g/L硫酸铜溶液：将15g硫酸铜（$CuSO_4 \cdot 5H_2O$）溶于水中并稀释到100mL。

氯化亚锡溶液：将40g氯化亚锡（$SnCl_2 \cdot 2H_2O$）溶于40mL盐酸中。溶液澄清后，用水稀释到100mL。加数粒金属锡保存。

80g/L乙酸铅溶液：将8g乙酸铅［$Pb(CH_3COO)_2 \cdot 3H_2O$］溶于水中并稀释到100mL。

乙酸铅棉花（硫化物对测定有一干扰，可通过乙酸铅棉花去除。若棉花变黑，应更换）：将10g脱脂棉浸于100mL乙酸铅溶液中，浸透后取出风干。

吸收液：将0.25g二乙基二硫代氨基甲酸银用少量氯仿溶成糊状，加入2mL三乙醇胺，再用氯仿稀释到100mL。用力振荡使之尽量溶解。静置暗处24h后，倾出上清液或用定性滤纸过滤。储于棕色玻璃瓶中。储存在冰箱中是稳定的。

100.0mg/L（即100.0μg/mL）砷标准溶液：将三氧化二砷（As_2O_3）在硅胶上预先干燥至恒重，准确称量0.1320g，溶于5mL氢氧化钠溶液中，溶解后加入10mL硫酸溶液，转移至1000mL容量瓶中。用水稀释到刻度。

1.00mg/L（即1.00μg/mL）砷标准溶液：取100.0mg/L砷标准溶液10.00mL于1000mL容量瓶中，用水稀释到刻度。

（四）实验内容与步骤

(1) 水样与过滤　量取两份等量的充分混合均匀的水样各100mL，其中一份抽吸过滤，使水分全部通过滤膜（0.45μm孔径）。取适量过滤液和未过滤水样进行下一步溶解态砷和总砷含量分析。

(2) 取样与空白对照　取50mL试样于砷化氢发生瓶中，如预估砷的含量超过0.5mg/L，取适量的试样，并用水稀释到50mL。在测定的同时应进行空白试验，所用试剂及其用量与在测定中所用的相同，包括任何预处理的步骤亦相同。

但用 50mL 纯水取代水样。

(3) 预处理　于砷化氢发生瓶中，加入 4mL 硫酸和 5mL 硝酸。在通风橱内煮沸消解至产生白色烟雾。如溶液仍不清澈，可再加 5mL 硝酸，继续加热至产生白色烟雾，直至溶液清澈为止（其中可能存在乳白色或淡黄色酸不溶物）。冷却后，小心加入 25mL 纯水，再加热至产生白色烟雾，赶尽氮氧化物，冷却后，加纯水使总体积为 50mL。(注：在消解破坏有机物的过程中，不要让溶液变黑，否则砷可能有损失。)

(4) 显色　于砷化氢发生瓶中，加 4mL 碘化钾，摇匀，再加 2mL 氯化亚锡溶液，混匀，放置 15min；取 5.0mL 吸收液至吸收管中，插入导气管；加 1mL 硫酸铜溶液和 4g 无砷锌粒于砷化氢发生瓶中，并立即将导气管与发生瓶连接，保证反应器密闭；在室温下，维持反应 1h，使砷完全释放出来。加氯仿将吸收体积补足到 5.0mL。

注：砷化氢剧毒，整个反应应在通风橱内或通风良好的室内进行；在完全释放砷化氢后，红色生成物在 2.5h 内是稳定的，应在此期间内进行分光光度测定。

(5) 比色测定　用 10mm 比色皿，以氯仿为参比液，在 530nm 波长下测量吸收液的吸光度，减去空白试验所测得的吸光度，从校准曲线上查出试份中的含砷量。

(6) 标准曲线的绘制　往 8 个砷化氢发生瓶中，分别加入 0mL、1.00mL，2.50mL，5.00mL，10.00mL，15.00mL，20.00mL 及 25.00mL 砷标准溶液(1.00mg/L)，并用水加到 50mL。于上述砷化氢发生瓶中，分别加入 4mL 硫酸，显色后 530nm 波长测定吸光度，减去试剂空白的吸光度，来修正对应的每个标准溶液的吸光度。以修正的吸光度为纵坐标，与之对应的标准溶液的砷含量(μg) 为横坐标作图。

（五）实验结果与分析

砷含量 c(mg/L) 由下式计算：

$$c=m/V$$

式中　m——校准曲线查得的试份砷含量，μg；

V——试份体积，mL。

颗粒态砷含量＝总砷含量－可溶态砷含量。

（六）注意事项

(1) 本分析方法所用的砷，在溶液转移和处置中要特别小心，整个操作应在良好的通风环境中进行，并严防入口。

(2) 锑的干扰及其消除：锑盐在试验条件下，还原生成氢化物，又能与吸收液作用产生红色胶体银。试份中锑的含量大于 0.1mg/L 时，干扰砷的测定。加入 2mL 氯化亚锡溶液和 5mL 碘化钾溶液，可抑制 300μg 锑盐的干扰。如锑浓度很高，本方法不适用。

（3）当室温较高时，将发生瓶和吸收管降温，并不断补加氯仿于吸收管中，使之尽可能保持一定高度的液层。

第四节　生物特性分析

实验一　病原微生物分析

通常，灌溉水体中存在有大量有机物质，适于各种微生物的生长。当前常用指示微生物涵盖细菌、病毒和原生动物，包括：①细菌指示物，如细菌总数（Total bacteria，TB）、总大肠菌群（Total coliforms，TC）、粪大肠菌群（*Fecal coliforms*，FC）、肠球菌（*Intestinal Enterococci*，IE）、大肠杆菌（*Escherichia Coli*，*E. coli*）、粪链球菌（*Streptococcus faecalis*）以及沙门菌（*Salmonella*）和志贺菌（*Shigella*）等致病菌；②病毒指示物，如 SC 噬菌体（*Somatic coliphages*）、F-RNA 噬菌体（*F-specific RNA bacteriophages*）和脆弱拟杆菌噬体（*Bacteroides fragilis bacteriophages*）等；③原生动物指示物，如贾第鞭毛虫（*Giardia*）lambia、隐孢子虫（*Cryptosporidium*）等。但应针对不同目的选取不同类型的指示微生物。美国、欧盟和世界卫生组织的病原微生物控制指标已陆续转向大肠杆菌与肠球菌，而我国仅经历了从总大肠菌群到粪大肠菌群的转变。大肠菌群是肠道中最普遍、数量最多的一类细菌，通常包括总大肠菌群和粪大肠菌群，这两种菌群被很多国家用作粪便污染指示菌。大肠菌群和粪大肠菌群能在 35℃、48h 内发酵乳糖产酸产气、需氧及兼性厌氧、革兰氏阴性的无芽孢杆菌。总大肠菌群常被用于判定一个水体是否适合用作生活用水、饮用水和娱乐用水等其他用途用水的主要生物指标，且作为水体污染程度的卫生质量指标。但因土壤中本身含有该类种群的某些物种，故其不能有效指示粪便污染。粪大肠菌群是总大肠菌群中将培养温度升高到 44.5℃时仍能生长发酵乳糖产酸产气的大肠菌群，来源于人和温血动物的粪便中，对粪便污染的指示效果更专一。粪大肠菌群常被用作水质受粪便污染的指示菌，适用于河流、湖泊、废水处理系统等一般性水体。

（一）实验目的

（1）学习并掌握灌溉水样采集的方法、规则及注意事项。

（2）了解检查灌溉水中粪大肠菌群的测定方法及检测意义。

（二）实验原理

多管发酵法是以最可能数（most probable number，MPN）来表示试验结果的。实际上它是根据统计学理论，估计水体中的大肠杆菌密度和卫生质量的一种方法。如果从理论上考虑，并且进行大量的重复检定，可以发现这种估计有大于实际数字的倾向。不过只要每一稀释度试管重复数目增加，这种差异便会减少，对于细菌含量的估计值，大部分取决于那些既显示阳性又显示阴性的稀释度。因此在实验设计上，水样检验所要求重复的数目，要根据所要求数据的准确度而定。

（三）实验仪器与材料

1. 培养基和试剂

（1）单倍乳糖蛋白胨培养液

① 成分　蛋白胨10g；牛肉浸膏3g；乳糖5g；氯化钠5g；1.6%溴甲酚紫乙醇溶液1mL；蒸馏水1000mL。

② 成分与配制　将蛋白胨、牛肉浸膏、乳糖、氯化钠加热溶解于1000mL蒸馏水中，调节pH值为7.2～7.4，再加入1.6%溴甲酚紫乙醇溶液1mL，充分混匀，分装于含有倒置的小玻璃管的试管中，于高压蒸汽灭菌器中，在115℃灭菌20min，储存于暗处备用。配制时将上述成分溶解于蒸馏水中，调节pH值。分装到有玻璃小导管的试管中，每管10mL。121℃高压灭菌15min。

（2）三倍乳糖蛋白胨培养液　按上述配方比例3倍（除蒸馏水外），配成3倍浓缩的乳糖蛋白胨培养液，制法同上。

（3）EC肉汤（*E. coli*，BGLB）

① 成分　胰蛋白胨或胰酪胨20.0g；3号胆盐或混合胆盐1.5g；乳糖5.0g；磷酸氢二钾（K_2HPO_4）4.0g；磷酸二氢钾（KH_2PO_4）1.5g；氯化钠5.0g；蒸馏水1000mL；pH值为6.9±0.1。

② 配制　将上述成分溶于蒸馏水中，调节pH值，分装到有玻璃小导管的试管中，每管8mL，121℃高温灭菌15min。

（4）无菌生理盐水

① 成分　氯化钠：8.5g；蒸馏水：1000mL。

② 配制　称取8.5g氯化钠溶于1000mL蒸馏水中，121℃高压灭菌15min。

2. 仪器和其他用品

试管、德汉式小管、三角瓶、注射器、搪瓷缸、培养皿、载玻片、电磁炉、玻璃棒、移液管、酒精灯、接种环、试管架、恒温培养箱、灭菌锅、显微镜等。

（四）实验内容与步骤

1. 水样接种量

将水样充分混匀后，根据水样污染的程度确定水样接种量。每个样品至少用3个不同的水样量接种。同一接种水样量要有5管。

相对未受污染的水样接种量为10mL、1mL、0.1mL。受污染水样接种量根据污染程度接种1mL、0.1mL、0.01mL或0.1mL、0.01mL、0.001mL等。使用的水样量可参考表2-5。

表2-5 接种用水量参考

水样种类	检测方法	接种量/mL								
		100	50	10	1	0.1	10^{-2}	10^{-3}	10^{-4}	10^{-5}
滴灌水	多管发酵法			×	×	×				
河水、塘水	多管发酵法				×	×	×			
湖水、塘水	多管发酵法						×	×	×	
污灌水	多管发酵法							×	×	×

如接种体积为10mL，则试管内应装有三倍浓度乳糖蛋白胨培养液5mL；如接种量为1mL或少于1mL，则可接种于普通浓度的乳糖蛋白胨培养液10mL中。

2. 初发酵试验

将水样分别接种到盛有乳糖蛋白胨培养液的发酵管中。在(37±0.5)℃下培养(24±2)h。产酸和产气的发酵管表明试验阳性。如在导管内产气不明显，可轻拍试管，有小气泡升起的为阳性。如未产气则继续培养至(48±2)h。记录在24h和48h内产气的LST肉汤管数。未产气者为粪大肠菌群阴性；对产气者，则进行复发酵试验。

3. 复发酵试验

轻微振荡初发酵试验阳性结果的发酵管，用3mm接种环或灭菌棒将培养物转接到EC培养液中。在(44.5±0.5)℃温度下培养(24±2)h(水浴箱的水面应高于试管中培养基液面)。接种后所有发酵管必须在30min内放进水浴中。培养后立即观察，发酵管产气则证实为粪大肠菌群阳性。

(五) 实验结果与分析

根据不同接种量的发酵管所出现阳性结果的数目，从表2-6或表2-7中查得每升水样中的粪大肠菌群。接种水样为100mL 2份、10mL 10份、总量300mL时，查表2-6可得每升水样中的粪大肠菌群；接种5份10mL水样、5份1mL水样、5份0.1mL水样时，查表2-7求得MPN指数，MPN值再乘10，即为1L水样中的粪大肠菌群。

如果接种的水样不是10mL、1mL和0.1mL，而是较低的或较高的三个浓度的水样量，也可查表2-7求得MPN值，再经下式计算成每100mL的MPN值。

$$\text{MPN值}=\text{MPN指数}\times\frac{10(\text{mL})}{\text{接种量最大的一管}(\text{mL})}$$

表 2-6　粪大肠菌群检数表

10mL 水量的阳性管数	100mL 水量的阳性瓶数		
	0	1	2
	1L 水样中粪大肠菌群数	1L 水样中粪大肠菌群数	1L 水样中粪大肠菌群数
0	<3	4	11
1	3	8	18
2	7	13	27
3	11	18	38
4	14	24	52
5	18	30	70
6	22	36	92
7	27	43	120
8	31	51	161
9	36	60	230
10	40	60	>230

注：接种水样 100mL 2 份、10mL 10 份、总量 300mL。

表 2-7　最可能数（MPN）表

出现阳性份数			每 100mL 水样中细菌数的最可能数	95%置信区间		出现阳性份数			每 100mL 水样中细菌数的最可能数	95%置信区间	
10mL 管	1mL 管	0. 1mL 管		下限	上限	10mL 管	1mL 管	0. 1mL 管		下限	上限
0	0	0	<2			4	2	1	26	9	78
0	0	1	2	<0. 5	7	4	3	0	27	9	80
0	1	0	2	<0. 5	7	4	3	1	33	11	93
0	2	0	4	<0. 5	11	4	4	0	34	12	93
1	0	0	2	<0. 5	7	5	0	0	23	7	70
1	0	1	4	<0. 5	11	5	0	1	34	11	89
1	1	0	4	<0. 5	11	5	0	2	43	15	110
1	1	1	6	<0. 5	15	5	1	0	33	11	93
1	2	0	6	<0. 5	15	5	1	1	46	16	120
2	0	0	0	<0. 5	13	5	1	2	63	21	150
2	0	1	7	<0. 5	17	5	2	0	49	17	130
2	1	0	7	1	17	5	2	1	70	23	170
2	1	1	9	1	21	5	2	2	94	28	220
2	2	0	9	2	21	5	3	0	79	25	190
2	3	0	12	3	28	5	3	1	110	31	250

续表

出现阳性份数			每100mL水样中细菌数的最可能数	95%置信区间		出现阳性份数			每100mL水样中细菌数的最可能数	95%置信区间	
10mL管	1mL管	0.1mL管		下限	上限	10mL管	1mL管	0.1mL管		下限	上限
3	0	0	8	1	19	5	3	2	140	37	310
3	0	1	11	2	25	5	3	3	180	44	500
3	1	0	11	2	25	5	4	0	130	35	300
3	1	1	14	4	34	5	4	1	170	43	190
3	2	0	14	4	34	5	4	2	220	57	700
3	2	1	17	5	46	5	4	3	280	90	850
3	3	0	17	5	46	5	4	4	350	120	1000
4	0	0	13	3	31	5	5	0	240	68	750
4	0	1	17	5	46	5	5	1	350	120	1000
4	1	0	17	5	46	5	5	2	540	180	1400
4	1	1	21	7	63	5	5	3	920	300	3200
4	1	2	26	9	78	5	5	4	1600	640	5800
4	2	0	22	7	67	5	5	5	≥2400		

注：接种5份100mL水样、5份1mL水样、5份0.1mL水样时，不同阳性及阴性情况下100mL水样中细菌数的最可能数和95%可信限值。

（六）注意事项

EC肉汤管在接种之前要提前预温至45℃，因为这个温度是选择性生长的条件之一，如果不提前预温，那些能够在44.5℃以下生长的非粪大肠菌群类细菌在培养基的升温阶段就可能已经生长并发酵乳糖产气了。

第三章　农作物中污染物分析

第一节　农作物样品采集、处理及制备

在植物样品污染物的监测中，很多污染物常常是低浓度的（百万分之一，10^{-6}，或十亿分之一，10^{-9}）。为使分析结果正确地反映出样品中某种污染物的含量，除使全部分析工作精密而准确的进行外，正确的采集、处理样品也是分析工作中极为重要的环节之一。一般情况下，称取分析的样品总是少量的，而分析结果则应当对很大量的研究对象给予客观的检定，并符合被检定物质的实际性质。因此，植物样品应按照一定的规则采集与制备。

样株必须有充分的代表性，通常也像采集土样一样按照一定路线多点采集，组成平均样品。组成每一平均样品的样株数目视作物种类、种植密度、株型大小、株龄或生育期以及要求的准确度而定。从大田或试验区选择样株要注意群体密度，植株长相、植株长势、生育期的一致，过大或过小，遭受病虫害或机械损伤以及由于边际效应长势过强的植株都不应采用。

（一）实验目的

（1）了解农作物样品采集的要求。

（2）掌握农作物样品采集、处理及制备的方法。

（二）实验原理

植物样品分析的可靠性受样品数量、采集方法和分析部位影响，因此，采样应具有以下特性。①代表性：采集样品能符合群体情况，采样量一般为1kg。②典型性：采样的部位能反映所要了解的情况。③适时性：根据研究目的，在不同生长发育阶段，定期采样。通常，粮食作物在成熟后、收获前采集籽实部分及秸秆；发生偶然污染事故时，在田间完整地采集整株植株样品；水果及其他植株样品根据研究目的确定采样要求。

（三）实验内容与步骤

1. 采样前的准备工作

采样前应予先准备好小铲、剪刀等采样工具及布口袋、标签、记录本、样品采集登记表格（见表3-1）等物品。

表 3-1　样品采集登记表

样品号	样品名称	采集地点	日期	采集部位	土壤类别	作物生长期	灌溉水源	化肥农药施用情况	耕作制度	分析项目	分析部位	采样者

2. 样品的采集

(1) 粮食作物　由于粮食作物生长的不均一性，一般采用多点取样，避开田边 2m，按梅花形（适用于采样单元面积小的情况）或“S”形采样法采样。在采样区内采取 10 个样点的样品组成一个混合样。采样量根据检测项目而定，籽实样品一般 1kg 左右，装入纸袋或布袋。要采集完整植株样品可以稍多些，2kg 左右，用塑料纸包扎好。

(2) 水果样品　平坦果园采样时，可采用对角线法布点采样，由采样区的一角向另一角引一对角线，在此线上等距离布设采样点，采样点多少根据采样区域面积、地形及检测目的确定。山地果园应按不同海拔高度均匀布点，采样点一般不应少于 10 个。对于树型较大的果树，采样时应在果树的上、中、下、内、外部及果实着生方位（东南西北）均匀采摘果实。将各点采摘的果品进行充分混合，按四分法缩分，根据检验项目要求，最后分取所需份数，每份 1kg 左右，分别装入袋内，粘贴标签，扎紧袋口。水果样品采摘时要注意树龄、长势、载果数量等。

(3) 蔬菜样品　蔬菜品种繁多，可大致分成叶菜、根菜、瓜果三类，按需要确定采样对象。

菜地采样可按对角线或“S”形法布点，采样点不应少于 10 个，采样量根据样本个体大小确定，一般每个点的采样量不少于 1kg。从多个点采集的蔬菜样，按四分法进行缩分，其中个体大的样本，如大白菜等可采用纵向对称切成 4 份或 8 份，取其 2 份的方法进行缩分，最后分取 3 份，每份约 1kg，分别装入塑料袋，粘贴标签，扎紧袋口。

如需用鲜样进行测定，采样时最好连根带土一起挖出，用湿布或塑料袋装，防止萎蔫。采集根部样品时，在抖落泥土或洗净泥土过程中应尽量保持根系的完整。

3. 植株样品处理与保存

粮食籽实样品应及时晒干脱粒，充分混匀后用四分法缩分至所需量。需要洗涤时，注意时间不宜过长并及时风干。为了防止样品变质，虫咬，需要定期进行风干处理。使用不污染样品的工具将籽实粉碎，用 0.5mm 筛子过筛制成待测样品。带壳类粮食如稻谷应去壳制成糙米，再进行粉碎过筛。测定重金属元素含量时，不要使用能造成污染的器械。

完整的植株样品先洗干净，根据作物生物学特性差异，采用能反映特征的植株部位，用不污染待测元素的工具剪碎样品，充分混匀用四分法缩分至所需的量，制成鲜样或于 60℃烘箱中烘干后粉碎备用。

田间（或市场）所采集的新鲜水果、蔬菜、烟叶和茶叶样品若不能马上进行分析测定，应暂时放入冰箱保存。

4. 植物样品的制备

从现场采回来的样品一般称之为原始样品。根据分析项目的要求，应将各个种类的原始样品用不同的方法进行选取。如块根、块茎、瓜果等可切成四块或八块，各取其 1/4 或 1/8，粮食充分混匀后铺平于玻璃板或木板上，用多点取样或四分法取样进行选取，即选取各个样品的平均样品，然后把各平均样品做一系列的加工处理，制成可供分析用的样品，称之为分析样品。

（1）新鲜分析样品的制备　测定植物中易起变化的物质（如硝酸盐、酚、氰等）及多汁的瓜果、蔬菜样品，应在新鲜状态下进行分析。制备时先将各平均样品用清水、无离子水（或重蒸水）洗净（受大气污染的样品还应先用洗涤剂清洗），晾干或用干净纱布轻轻擦干。然后切碎、混合均匀，称取 100g 放入电动捣碎机的捣碎杯中，加同样重量的蒸馏水打碎 1min 左右，使成均匀浆状。有的样品如熟透的西红柿可不加水。含水少的样品，可加两倍于样品重的水打碎，较硬的样品有时须打碎 2min 以上。含纤维较多的样品，如根、茎杆、叶子等，不能用捣碎机捣碎，可用不锈钢刀或剪刀剪切成小碎块，混合均匀供分析用。

（2）风干分析样品的制备　用干样进行分析的样品，应尽快在干燥通风处晾干。如果遇到阴雨天或阴湿的气候，可放在 60～70℃鼓风干燥箱或低温真空干燥箱中烘干，以免发霉腐烂。样品干燥后，去掉灰尘、杂物，将其剪碎，用电动磨碎机粉碎。谷类的果实样品要先脱壳再粉碎。样品粉碎一般通过 1mm 筛孔。根据分析项目的要求，有的样品需通过 0.25mm 的筛孔。粉碎好的样品储存于有磨口的玻璃广口瓶中保存留用。

植物重金属含量分析样品的干燥和粉碎过程中，所用方法与分析常量元素样品相似，特别指出的是防止干燥和粉碎过程中仪器对样品的污染。例如干燥箱中烘干时，防止金属粉末等的污染，粉碎样品选用的研磨设备，应采用不锈钢工具钢刀和网筛，如要准确分析铁，必须在玛瑙研钵上研磨，研磨分析标本的细度相当重要，至少通过 20 目筛，并充分混合，磨细过的样品，要储存在密封的容器中，在分析前，样品应在60～70℃下烘干20h，然后再进行分析。

5. 制备样品对水分含量的测定

在分析工作中结果的计算，常以干重为基础比较各样品间某成分含量的高低。因此在制备新鲜或风干样品时，须同时称样测定水分含量，计算样品的干物质含量，以便换算分析结果。

测定水分含量最常用的方法是烘干法。即称取一定量的分析样品在100～105℃间烘至恒量，用失重来计算水分含量。某些样品中含有大量的因加热而分解的成分，可在真空干燥箱中用低温烘至恒重。

一些含水分很高（80～95℃）的样品，如浆果、幼嫩蔬菜等，在采集后就有相当的水分被蒸发。假如有含水量为95%的一个样品，其10g样品中干物质含量仅为5g，当水分误差是1%时，干物质含量即为4g，换算干物质含量时误差则为20%，因此这类样品不如用鲜重计算结果为好，或附记水分含量作为参考用。

对于不受烘烤影响成分的样品，一般在测试前，可取供风干的样品，于100～105℃的烘箱中烘4～6h，使水分（样品中的吸湿水和自由水）散失后，取出放在干燥器中冷却后，立即称取测试样品，在制备时则可不做水分含量的测定。

第二节　农作物中无机污染物分析

实验一　蔬菜中硝酸盐、亚硝酸盐含量测定

氮肥施用可以明显的提高蔬菜产量，因此蔬菜生产过程中，为了追求高产，通常大量施用氮肥，过多的氮肥特别是硝态氮肥，被蔬菜吸收后不能被快速转化为氨基酸等蔬菜细胞结构组成物质，则会以硝酸盐形式积累在细胞中。

硝酸盐对人体通常无害，但硝酸盐还原产物亚硝酸盐则具有较强的致突变等毒性，积累在蔬菜细胞内的硝酸盐在蔬菜收获后，贮存及食用过程中则有可能会被转化为亚硝酸盐，危害人体健康，因此，蔬菜中硝酸盐和亚硝酸盐含量的监控是保障蔬菜安全生产、食用的重要指标。

（一）实验目的

（1）了解蔬菜中硝酸盐、亚硝酸盐测定方法原理。

（2）掌握蔬菜硝酸盐、亚硝酸盐测定时样品前处理方法。

（3）熟悉亚硝酸盐测定的盐酸萘乙二胺法、硝酸盐测定镉柱还原法。

（二）实验原理

蔬菜样品经前处理，沉淀蛋白质、除去脂肪后，在弱酸条件下亚硝酸盐与对氨基苯磺酸重氮化后，再与盐酸萘乙二胺偶合形成紫红色染料，分光光度法测亚硝酸盐含量。同时样品提取液中硝酸盐，采用镉柱将其还原成亚硝酸盐，测得亚

硝酸盐总量，由此总量减去先前测的亚硝酸盐含量，即得试样中硝酸盐含量。本实验主要侧重蔬菜样品的前处理过程。

（三）实验仪器与材料

1. 实验器具

分析天平（感量为 0.1mg 和 1mg）、组织捣碎机、超声波清洗器、恒温干燥箱、分光光度计。

2. 实验药品与材料

（1）亚铁氰化钾［$K_4Fe(CN)_6 \cdot 3H_2O$］、乙酸锌［$Zn(CH_3COO)_2 \cdot 2H_2O$］、冰乙酸、硼酸钠（$Na_2B_4O_7 \cdot 10H_2O$）、盐酸（$\rho=1.19g/mL$）、氨水（25%）、对氨基苯磺酸、盐酸萘乙二胺（$Cl_2H_{14}N_2 \cdot 2HCl$）、亚硝酸钠、硝酸钠、硫酸镉。

（2）锌皮或锌棒。

（3）蔬菜种植基地采回的叶菜类样品。

（四）实验内容与步骤

1. 实验试剂配置

（1）亚铁氰化钾溶液（106g/L） 称取 106.0g 亚铁氰化钾，用水溶解，并稀释至 1000mL。

（2）乙酸锌溶液（220g/L） 称取 220.0g 乙酸锌，先加 30mL 冰乙酸溶解，用水稀释至 1000mL。

（3）饱和硼砂溶液（50g/L） 称取 5.0g 硼酸钠，溶于 100mL 热水中，冷却后备用。

（4）氨缓冲溶液（pH＝9.6～9.7） 量取 30mL 盐酸，加 100mL 水，混匀后加 65mL 氨水，再加水稀释至 1000mL，混匀。调节 pH 值至 9.6～9.7。

（5）氨缓冲液的稀释液 量取 50mL 氨缓冲溶液，加水稀释至 500mL，混匀。

（6）盐酸（0.1mol/L） 量取 5mL 盐酸，用水稀释至 600mL。

（7）对氨基苯磺酸溶液（4g/L） 称取 0.4g 对氨基苯磺酸，溶于 100mL20%（体积比）的盐酸中，置棕色瓶中混匀，避光保存。

（8）盐酸萘乙二胺溶液（2g/L） 称取 0.2g 盐酸萘乙二胺，溶于 100mL 水中，混匀后，置棕色瓶中，避光保存。

（9）亚硝酸钠标准溶液（200μg/mL） 准确称取 0.1000g 于 110～120℃干燥恒重的亚硝酸钠，加水溶解移入 500mL 容量瓶中，加水稀释至刻度，混匀。

（10）亚硝酸钠标准使用液（5.0μg/mL） 临用前，吸取亚硝酸钠标准溶液 5.00mL，置于 200mL 容量瓶中，加水稀释至刻度。

（11）硝酸钠标准溶液（200μg/mL，以亚硝酸钠计）　准确称取0.1232g于110～120℃干燥恒重的硝酸钠，加水溶解，移于入500mL容量瓶中，并稀释至刻度。

（12）硝酸钠标准使用液（5μg/mL）　临用时吸取硝酸钠标准溶液2.50mL，置于100mL容量瓶中，加水稀释至刻度。

（13）镉柱制备

① 海绵状镉的制备　投入足够的锌皮或锌棒于500mL硫酸镉溶液（200g/L）中，经过3～4h，当其中的镉全部被锌置换后，用玻璃棒轻轻刮下，取出残余锌棒，使镉沉底，倾去上层清液，以水用倾泻法多次洗涤，然后移入组织捣碎机中，加500mL水，捣碎约2s，用水将金属细粒洗至标准筛上，取20～40目之间的部分。

② 镉柱的装填　用水装满镉柱玻璃管，并装入2cm高的玻璃棉做垫，将玻璃棉压向柱底时，应将其中所包含的空气全部排出，在轻轻敲击下加入海绵状镉至8～10cm高，上面用1cm高的玻璃棉覆盖，上置一储液漏斗，末端要穿过橡皮塞与镉柱玻璃管紧密连接。

如无上述镉柱玻璃管时，可以25mL酸式滴定管代用，但过柱时要注意始终保持液面在镉层之上。当镉柱填装好后，先用25mL盐酸（0.1mol/L）洗涤，再以水洗两次，每次25mL，镉柱不用时用水封盖，随时都要保持水平面在镉层之上，不得使镉层夹有气泡。

镉柱每次使用完毕后，应先以25mL盐酸（0.1mol/L）洗涤，再以水洗两次，每次25mL，最后用水覆盖镉柱。

③ 镉柱还原效率的测定　吸取20mL硝酸钠标准使用液，加入5mL氨缓冲液的稀释液，混匀后注入储液漏斗，使流经镉柱还原，以原烧杯收集流出液，当储液漏斗中的样液流完后，再加5mL水置换柱内留存的样液。取10.0mL还原后的溶液（相当10μg亚硝酸钠）于50mL比色管中，以下按“吸取0.00mL、0.20mL、0.40mL、0.60mL、0.80mL、1.00mL…”依法操作，根据标准曲线计算测得结果，与加入量一致，还原效率应大于98%为符合要求。

2. 分析测定步骤

（1）试样的预处理　新鲜蔬菜用去离子水洗净，晾干后，取可食部切碎混匀。将切碎的样品用四分法取适量，用食物粉碎机制成匀浆备用。如需加水应记录加水量。

（2）提取　称取5g（精确至0.01g）制成匀浆的试样（如制备过程中加水，应按加水量折算），置于50mL烧杯中，加12.5mL饱和硼砂溶液，搅拌均匀，以70℃左右的水约300mL将试样洗入500mL容量瓶中，于沸水浴中加热15min，取出置冷水浴中冷却，并放置至室温。

（3）提取液净化　在振荡上述提取液时加入 5mL 亚铁氰化钾溶液，摇匀，再加入 5mL 乙酸锌溶液，以沉淀蛋白质。加水至刻度，摇匀，放置 30min，除去上层脂肪，上清液用滤纸过滤，弃去初滤液 30mL，滤液备用。

（4）亚硝酸盐的测定　吸取 40.0mL 上述滤液于 50mL 带塞比色管中，另吸取 0、0.20mL、0.40mL、0.60mL、0.80mL、1.00mL、1.50mL、2.00mL、2.50mL 亚硝酸钠标准使用液（相当于 0、1.0μg、2.0μg、3.0μg、4.0μg、5.0μg、7.5μg、10.0μg、12.5μg 亚硝酸钠），分别置于 50mL 带塞比色管中。于标准管与试样管中分别加入 2mL 对氨基苯磺酸溶液，混匀，静置 3～5min 后各加入 1mL 盐酸萘乙二胺溶液，加水至刻度，混匀，静置 15min，用 2cm 比色杯，以零管调节零点，于波长 538nm 处测吸光度，绘制标准曲线比较。同时做试剂空白。

（5）硝酸盐的测定

① 镉柱还原。先以 25mL 稀氨缓冲液冲洗镉柱，流速控制在 3～5mL/min（以滴定管代替的可控制在 2～3mL/min）。

吸取 20mL 滤液于 50mL 烧杯中，加 5mL 氨缓冲溶液，混合后注入储液漏斗，使流经镉柱还原，以原烧杯收集流出液，当储液漏斗中的样液流尽后，再加 5mL 水置换柱内留存的样液。

将全部收集液如前再经镉柱还原一次，第二次流出液收集于 100mL 容量瓶中，继以水流经镉柱洗涤 3 次，每次 20mL，洗液一并收集于同一容量瓶中，加水至刻度，混匀。

② 按步骤（4）测定亚硝酸总量。

（五）实验结果与分析

（1）样品中亚硝酸盐含量公式：

$$X_1=\frac{A_1\times 1000}{m\times\frac{V_1}{V_0}\times 1000}$$

式中　X_1——试样中亚硝酸钠的含量，mg/kg；

A_1——测定用样液中亚硝酸钠的质量，μg；

m——试样质量，g；

V_1——测定用样液体积，mL；

V_0——试样处理液总体积，mL。

以重复性条件下获得的两次独立测定结果的算术平均值表示，结果保留两位有效数字。

（2）样品硝酸盐（以硝酸钠计）的含量按下式进行计算。

$$X_2=\left(\frac{A_2\times 1000}{m\times\frac{V_2}{V_0}\times\frac{V_4}{V_3}\times 1000}\right)\times 1.232$$

式中　X_2——试样中硝酸钠的含量，mg/kg；

A_2——经镉粉还原后测得总亚硝酸钠的质量，μg；

m——试样的质量，g；

1.232——亚硝酸钠换算成硝酸钠的系数；

V_2——测总亚硝酸钠的测定用样液体积，mL；

V_0——试样处理液总体积，mL；

V_3——经镉柱还原后样液总体积，mL；

V_4——经镉柱还原后样液的测定用体积，mL。

实验二　稻米中重金属的分析测定

农田土壤中重金属是否会向种植的农作物转移并在农产品中积累通常与农作物类型有关。在许多农作物中，水稻是更易对土壤重金属吸收积累的类型，主要是由于稻田耕作过程中的土壤淹水，导致 pH 值下降，致使吸附在土壤颗粒中重金属具有更强的迁移特性，其迁移到水稻根部也较易被根吸收并向地上部转移，最终积累到稻米中，导致稻米镉超标，即“镉米”。长期食用镉超标稻米对于人体健康具有较大危害，因此受重金属污染稻田种植的稻米特别需要进行重金属的分析检测。

（一）实验目的

（1）了解稻米中镉的测定方法原理。

（2）掌握稻米重金属测定的样品前处理方法。

（3）熟悉重金属镉测定的原子吸收光谱法。

（二）实验原理

稻米样品经灰化或消解处理后，其中的重金属释放溶解到消解液中，然后采用石墨炉原子吸收光谱法，在特定波长处测定吸收值，在一定浓度范围内其吸收值与标准系列溶液比较定量。

（三）实验仪器与材料

1. 实验器具

（1）原子吸收光谱仪、微波消解系统、压力消解罐、马弗炉、恒温干燥箱。

（2）烧杯、小漏斗、250mL 分液漏斗、三角瓶、1L 容量瓶等。

（3）分析天平、电热板、0～300℃温度计、研钵。

2. 实验药品与材料

（1）浓硝酸、高氯酸、盐酸（均为优级纯），30%过氧化氢，磷酸二氢铵、金属镉（Cd）标准品（纯度为 99.99%）。

（2）镉污染稻田中种植的稻米。

（四）实验内容与步骤

1. 实验试剂配置

（1）硝酸溶液（1%） 量取硝酸 10mL 慢慢倒入 990mL 水中，混匀。

（2）盐酸溶液（1∶1） 量取盐酸 250mL 慢慢倒入 250mL 水中，混匀。

（3）磷酸二氢铵溶液（10g/L） 称取 1.0g 磷酸二氢铵，溶于水中，并定容至 100mL，混匀。

（4）硝酸、高氯酸混合溶液（9∶1） 取 90mL 硝酸与 10mL 高氯酸混合。

（5）镉标准储备液（1000mg/L） 准确称取 1g 金属镉标准品（精确至 0.0001g）于小烧杯中，分次加 20mL 盐酸溶液（1∶1）溶解，加 2 滴硝酸，移入 1000mL 容量瓶中，用水定容至刻度，混匀。

（6）镉标准使用液（100ng/mL） 吸取镉标准储备液 10.0mL 于 100mL 容量瓶中，用硝酸溶液（1%）定容至刻度，如此经多次稀释成每毫升含 100ng 镉的标准使用液。

2. 分析测定步骤

（1）稻米样品预处理 随机选取 500g 稻米，在研钵中磨碎成均匀的样品，颗粒度不大于 0.425mm，储于洁净的塑料瓶中，并标明标记，于室温下保存备用。

（2）稻米消解 可选用下列四种方式之一对稻米进行消解。

① 压力消解罐消解法 称取磨碎稻米粉 0.3～0.5g（精确至 0.0001g）于聚四氟乙烯内罐，加硝酸 5mL 浸泡过夜。再加过氧化氢溶液（30%）2～3mL（总量不能超过罐容积的 1/3）。盖好内盖，旋紧不锈钢外套，放入恒温干燥箱，120～160℃保持 4～6h，在箱内自然冷却至室温，打开后加热赶酸至近干，将消化液洗入 10mL 或 25mL 容量瓶中，用少量硝酸溶液（1%）洗涤内罐和内盖 3 次，洗液合并于容量瓶中并用硝酸溶液（1%）定容至刻度，混匀备用；同时做试剂空白试验。

② 微波消解 称取磨碎稻米粉 0.3～0.5g（精确至 0.0001g）置于微波消解罐中，加 5mL 硝酸和 2mL 过氧化氢。微波消化程序可以根据仪器型号调至最佳条件。消解完毕，待消解罐冷却后打开，消化液呈无色或淡黄色，加热赶酸至近干，用少量硝酸溶液（1%）冲洗消解罐 3 次，将溶液转移至 10mL 或 25mL 容量瓶中，并用硝酸溶液（1%）定容至刻度，混匀备用；同时做试剂空白试验。

③ 湿式消解法 称取磨碎稻米粉 0.3～0.5g（精确至 0.0001g）于锥形瓶中，放数粒玻璃珠，加 10mL 硝酸、高氯酸混合溶液（9∶1），加盖浸泡过夜，

加一小漏斗在电热板上消化，若变棕黑色，再加硝酸，直至冒白烟，消化液呈无色透明或略带微黄色，放冷后将消化液洗入10～25mL容量瓶中，用少量硝酸溶液（1%）洗涤锥形瓶3次，洗液合并于容量瓶中并用硝酸溶液（1%）定容至刻度，混匀备用；同时做试剂空白试验。

④ 干法灰化　称取磨碎稻米粉0.3～0.5g（精确至0.0001g）于瓷坩埚中，先小火在可调式电炉上炭化至无烟，移入马弗炉500℃灰化6～8h，冷却。若个别试样灰化不彻底，加1mL混合酸在可调式电炉上小火加热，将混合酸蒸干后，再转入马弗炉中500℃继续灰化1～2h，直至试样消化完全，呈灰白色或浅灰色。放冷，用硝酸溶液（1%）将灰分溶解，将试样消化液移入10mL或25mL容量瓶中，用少量硝酸溶液（1%）洗涤瓷坩埚3次，洗液合并于容量瓶中并用硝酸溶液（1%）定容至刻度，混匀备用；同时做试剂空白试验。

（3）镉标准曲线工作液　准确吸取镉标准使用液0、0.5mL、1.0mL、1.5mL、2.0mL、3.0mL于100mL容量瓶中，用硝酸溶液（1%）定容至刻度，即得到含镉量分别为0、0.5ng/mL、1.0ng/mL、1.5ng/mL、2.0ng/mL、3.0ng/mL的标准系列溶液。

将标准曲线工作液按浓度由低到高的顺序各取20μL注入石墨炉，测其吸光度值，以标准曲线工作液的浓度为横坐标，相应的吸光度值为纵坐标，绘制标准曲线并求出吸光度值与浓度关系的一元线性回归方程。

标准系列溶液应不少于5个点的不同浓度的镉标准溶液，相关系数不应小于0.995。如果有自动进样装置，也可用程序稀释来配制标准系列。

（4）消解液铬测定　于测定标准曲线工作液相同的实验条件下，吸取样品消化液20μL（可根据使用仪器选择最佳进样量），注入石墨炉，测其吸光度值。代入标准系列的一元线性回归方程中求样品消化液中镉的含量，平行测定次数不少于两次。若测定结果超出标准曲线范围，用硝酸溶液（1%）稀释后再行测定。

（五）实验结果与分析

（1）根据以下公式计算测试样品中铬含量

$$样品中镉含量(mg/g)=\frac{(c_1-c_0)\times V}{m\times 1000}$$

式中　c_1——样品消解液中的镉浓度，ng/mL；

c_0——空白消解液中的镉浓度，ng/mL；

m——样品质量，g（湿重）。

（2）计算所分析测定稻米样中铬含量。

（3）分析实验过程中可能出现较大人为操作误差之处。

（六）注意事项

所有消解实验要在通风良好的通风橱内进行。

所用玻璃仪器均需以硝酸溶液（1∶4）浸泡 24h 以上，用水反复冲洗，最后用去离子水冲洗干净。

实验三　蔬菜中重金属污染物的分析

蔬菜是日常消费量最大的农产品类型。目前城市居民蔬菜消费主要依赖规模化种植的蔬菜，而这些规模化蔬菜基地为了保持蔬菜的新鲜和便于运输，通常位于城乡结合部的城市郊区。由于城市化的快速发展，城市废水、废弃、垃圾等排放，使得城郊的蔬菜产区水、土、气受到不同程度的影响，导致重金属等污染物在菜田土壤甚至是蔬菜中积累，具有潜在的食品安全隐患。

与粮食作物一样，蔬菜对重金属污染物的吸收富集也会受到菜田土壤类型、蔬菜品种、施肥耕作等因素影响。对于重金属污染的菜田土壤，对其生产的蔬菜中相应重金属污染物的分析，是评价其是否能够进行蔬菜安全生产的基础。

（一）实验目的

（1）了解蔬菜中铬的测定方法原理。

（2）掌握蔬菜重金属测定的样品前处理方法。

（3）熟悉重金属铬测定的原子吸收光谱法。

（二）实验原理

蔬菜样品经消解处理后，其中的重金属释放溶解到消解液中，然后采用石墨炉原子吸收光谱法，在特定波长处测定吸收值，在一定浓度范围内其吸收值与标准系列溶液比较定量。

蔬菜样品前处理与粮食、土壤不完全相同，含水量较高，通常要打成匀浆的液固悬浮形式再进行消解，与粮食相同，也通常有 4 种消解方式，可根据实验室条件选用其中一种。蔬菜重金属样品消解过程中消解试剂使用量等会由于重金属类型不同而不同。本实验以在小白菜中重金属铬为例介绍蔬菜中重金属含量测定的实验过程，重点是蔬菜样品的前处理过程。

（三）实验仪器与材料

1. 实验器具

（1）原子吸收光谱仪、微波消解系统、压力消解罐、马弗炉、恒温干燥箱。

（2）烧杯、小漏斗、250mL 分液漏斗、三角瓶、1L 容量瓶等。

（3）分析天平、电热板、0～300℃温度计、匀浆器或电动粉碎机。

2. 实验药品与材料

（1）浓硝酸（ρ=1.42g/cm^3，优级纯）、高氯酸（ρ=1.60g/cm^3，优级纯）、磷酸二氢铵、重铬酸钾（标准物质）。

（2）铬污染菜田中种植的新鲜小白菜。

（四）实验内容与步骤

1. 实验试剂配置

（1）硝酸溶液（5%）　量取硝酸 50mL 慢慢倒入 950mL 水中，混匀。

（2）硝酸溶液（1∶1）　量取硝酸 250mL 慢慢倒入 250mL 水中，混匀。

（3）磷酸二氢铵溶液（20g/L）　称取 2.0g 磷酸二氢铵，溶于水中，并定容至 100mL，混匀。

（4）铬标准储备液　准确称取重铬酸钾（110℃，烘 2h）1.4315g，溶于水中，移入 500mL 容量瓶中，用硝酸溶液（5%）稀释至刻度，混匀。此溶液每毫升含 1.000mg 铬。

（5）铬标准使用液　将铬标准储备液用硝酸溶液（5%）逐级稀释至每毫升含 100ng 铬。

2. 分析测定步骤

（1）小白菜样品预处理　随机抽取 3 颗小白菜用水清洗掉泥土并剥除腐烂叶子和根部，控干表面水分，然后每棵剥取部分后混合，称湿重，然后用匀浆器或粉碎机将其捣烂成均匀的浆状，冷存保藏待用。

（2）小白菜浆液消解　可选用下列四种方式之一对小白菜浆液进行消解。

① 微波消解　准确称取浆液 0.2～0.6g（精确至 0.001g）于微波消解罐中，加入 5mL 硝酸，按照表 3-2 微波消解的操作步骤消解。冷却后取出消解罐，在电热板上于 140～160℃赶酸至 0.5～1.0mL。消解罐放冷后，将消化液转移至 10mL 容量瓶中，用少量水洗涤消解罐 2～3 次，合并洗涤液，用水定容至刻度。同时做不加浆液的空白试验。

表 3-2　微波消解步骤

步骤	功率(1200W 变化)/%	设定温度/℃	升温时间/min	恒温时间/min
1	0～80	120	5	5
2	0～80	160	5	10
3	0～80	180	5	10

② 湿法消解　准确称取试样 0.5～3g（精确至 0.001g）于消化管中，加入 10mL 硝酸、0.5mL 高氯酸，在可调温电热炉上消解［参考条件：120℃保持 0.5～1h、升温至 180℃（2～4h）、升温至 200～220℃］。若消化液呈棕褐色，再加硝酸，消解至冒白烟，消化液呈无色透明或略带黄色，取出消化管，冷却后用水定容至 10mL。同时做不加浆液的空白试验。

③ 高压消解　准确称取试样 0.3～1g（精确至 0.001g）于消解内罐中，加

入5mL硝酸。盖好内盖，旋紧不锈钢外套，放入恒温干燥箱，于140～160℃下保持4～5h。在箱内自然冷却至室温，缓慢旋松外罐，取出消解内罐，放在可调温电热板上于140～160℃赶酸至0.5～1.0mL。冷却后将消化液转移至10mL容量瓶中，用少量水洗涤内罐和内盖2～3次，合并洗涤液于容量瓶中并用水定容至刻度。同时做不加浆液的空白试验。

④ 干法灰化　准确称取试样0.5～3g（精确至0.001g）于坩埚中，小火加热，炭化至无烟，转移至马弗炉中，于550℃恒温3～4h。取出冷却，对于灰化不彻底的试样，加数滴硝酸，小火加热，小心蒸干，再转入550℃高温炉中，继续灰化1～2h，至试样呈白灰状，从高温炉取出冷却，用硝酸溶液（1∶1）溶解并用水定容至10mL。同时做不加浆液的空白试验。

（3）铬标准曲线绘制　分别吸取铬标准使用液（100ng/mL）0、0.50mL、1.00mL、2.00mL、3.00mL、4.00mL于25mL容量瓶中，用硝酸溶液（5%）稀释至刻度，混匀。各容量瓶中每毫升分别含铬0、2.00ng、4.00ng、8.00ng、12.00ng、16.00ng。

将标准系列溶液按浓度由低到高的顺序分别取10μL（也可根据使用仪器选择最佳进样量），注入石墨管，原子化后测其吸光度值，以浓度为横坐标，吸光度值为纵坐标，绘制标准曲线。

（4）消解液铬测定　在与测定标准溶液相同的实验条件下，将空白溶液和样品溶液分别取10μL，注入石墨管，原子化后测其吸光度值，与标准系列溶液比较定量。

（五）实验结果与分析

（1）根据以下公式计算测试样品中铬含量

$$样品中铬含量(mg/g)=\frac{(c_1-c_0)\times V}{m\times 1000}$$

式中　c_1——样品消解液中的铬浓度，ng/mL；

c_0——空白消解液中的铬浓度，ng/mL；

m——样品质量，g（湿重）。

（2）计算所分析测定蔬菜样中铬含量。

（3）分析实验过程中可能出现较大人为操作误差之处。

（六）注意事项

所用玻璃仪器均需以硝酸溶液（1∶4）浸泡24h以上，用水反复冲洗，最后用去离子水冲洗干净。

蔬菜尽量使用新鲜整株样品，腐烂部分去除干净。打碎的浆液不能及时消解，要注意及时冷藏保存，避免腐败。

实验四　蔬菜中残留有机氯农药分析

目前商品蔬菜生产种植通常以规模化方式进行，大面积蔬菜的集中种植，病虫害的发生比较频繁，为了防治由此带来的损失，规模化蔬菜种植过程中，农药的使用必不可少。有机氯农药具有高效、低毒、低成本、光谱杀虫、使用方便等特点，在蔬菜病虫害防治中被广泛使用。

但有机氯农药较难以自然降解，在环境中较持久地存在，同时易在生物脂肪组织中积累，长期使用有机氯农药的蔬菜地土壤，有机氯农药在土壤中积累并向蔬菜转移，同时生长过程中喷施的农药部分低残留在蔬菜中，导致蔬菜有机氯农药超标，危害人体健康。对收获蔬菜产品中有机氯农药残留进行检测分析是蔬菜安全生产，保障人体健康重要环节。

（一）实验目的

（1）了解蔬菜中有机氯农药测定方法原理。

（2）掌握蔬菜样品有机氯化合物测定的液液萃取抽提等前处理方法。

（3）熟悉有机氯农药测定的气相色谱分析步骤。

（二）实验原理

实验选择典型的有机氯农药 α-六六六和溴氰菊酯为有机氯农药代表，以广泛种植的小白菜为蔬菜样品，用将小白菜中残留农药有机溶剂提取后，经液液分配及层析净化，浓缩后被测组分进入气相色谱分离，用电子捕获检测器进行检测，通过与待测目标物标准质谱图相比较和保留时间进行定性，用外标法定量。

（三）实验仪器与材料

1. 实验器具

（1）气相色谱仪，具有电子捕获检测器。

（2）色谱柱：石英弹性毛细管柱，0.25mm（内径）×15m。

（3）过滤器具：布氏漏斗（直径 80mm）、抽滤瓶（20mL）、抽滤泵。

（4）具塞三角瓶（100mL）、分液漏斗（250mL）、层析柱等。

（5）旋转蒸发仪、水浴锅、振荡器、组织捣碎机或匀浆器。

2. 实验药品与材料

（1）载气：氮气。

（2）石油醚（沸程 60～90℃，重蒸）。

（3）苯（重蒸）、丙酮（重蒸）、乙酸乙酯（重蒸）、无水硫酸钠。

（4）弗罗里硅土：层析用，于 620℃灼烧 4h 后备用，用前 120℃烘干 2h，趁热加水 5%灭活。

（5）α-六六六、溴氰菊酯标准品，纯度 98%～99%，色谱纯。

（6）六六六、溴氰菊酯较高的菜田中生长的小白菜。

（四）实验内容与步骤

1. 实验试剂配置

（1）2%硫酸钠溶液　称取2g硫酸钠溶于100mL水。

（2）石油醚-乙酸乙酯混合液（95：5）　95mL石油醚和5mL乙酸乙酯混合。

（3）六六六、溴氰菊酯标准储备液　称取每种标准物质100mg（精确到1mg），苯溶解，在100mL容量瓶中定容。使用时分别用石油醚稀释配成标准使用液，再根据它们各自在具体仪器上的响应情况，吸取标准使用液用石油醚稀释配制成混合标准使用液。

2. 蔬菜有机氯农药测定

（1）蔬菜样品处理　随机抽取3颗小白菜用水清洗掉泥土并剥除腐烂叶子和根部，控干表面水分，然后每棵剥取部分后混合，取20g（湿重），放入组织粉碎机中，加入30mL丙酮和30mL石油醚，然后将其捣碎2min，捣碎液经抽滤，滤液移入250mL分液漏斗中，加入100mL 2%硫酸钠溶液，充分摇匀，静置分层，将下层溶液转移至另一个分液漏斗中，溶液加入20mL石油醚混匀萃取，静置分层后转移，再利用20mL石油醚萃取分离1次，合并3次萃取的石油醚层，过无水硫酸钠层，于旋转蒸发仪上蒸发浓缩至10mL。

（2）层析净化　玻璃层析柱先加入1cm高无水硫酸钠，然后再加入5g 5%水脱活弗罗里硅土，最后加入1cm高无水硫酸钠，轻轻敲实，用20mL石油醚淋洗，弃去淋洗液（柱面保留少量）。

（3）净化与浓缩　准确吸取2mL旋转蒸发浓缩后的试样提取液，加入已淋洗过的净化柱中，用100mL石油醚-乙酸乙酯混合液（9：95）洗脱，收集洗脱液于蒸馏瓶中，然后在旋转蒸发仪上浓缩近干，用少量石油醚多次溶解残渣于刻度离心管中，最终定容至1mL，待测。

（4）色谱测定条件

① 色谱柱　石英弹性毛细管柱，0.25mm（内径）×15m，涂有OV-101固定液。

② 载气流速　氮气40mL/min，尾吹气60mL/min，分流比1：50。

③ 温度　柱温180℃升至230℃，维持30min，检测器、进样口温度250℃。

④ 校准　使用标准样品周期性重复校准，视仪器的稳定性决定周期长短，若仪器稳定，可以测定4～5个试样校准一次。

（5）色谱分析　用清洁注射器在待测样品中抽吸几次，排除所有气泡后，抽取1μL样品迅速注射入色谱仪中，并立即拔出注射器，记录色谱峰的保留时间和峰高，再吸取1μL混合标准使用液进样，记录色谱峰的保留时间和峰高，根据组分在色谱上的出峰时间和标准组分比较定性，用外标法与标准组分比较定量（具体见土壤有机氯测定）。

（五）实验结果与分析

（1）根据以下公式计算测试蔬菜样品中各有机氯农药组分含量

$$\text{蔬菜残留有机氯农药组分(mg/kg)}=\frac{h_i \times W_{is} \times V}{h_{is} \times V_i \times G}$$

式中　h_i——测定液中组分 i 的峰高，cm；

W_{is}——标样中组分 i 的绝对量，ng；

V——蔬菜提取液定容体积，mL；

h_{is}——标样中组分 i 的峰高，cm；

V_i——样品的进样量，μL；

G——蔬菜样品的重量，g。

（2）计算所分析测定蔬菜中各有机氯组分的含量。

（3）分析实验过程中可能出现较大人为操作误差之处。

（六）注意事项

有机溶剂经过重蒸，浓缩 20 倍用气相色谱测定无干扰峰。

蔬菜样品采集后应尽快分析，若暂不分析，在 4℃ 冰箱中保存，避免腐烂变质。

实验五　蔬菜中残留有机磷和氨基甲酸酯农药快速检测

有机磷和氨基甲酸酯农药是蔬菜、水果生产中使用最广泛的农药类型，尽管相比有机氯农药，它易降解、生物富集性低，但有些品种对人体及动物仍具有较高的毒性。规模化蔬菜生产过程中，农药的使用较频繁，采摘的蔬菜产品极易残留未能分解的有机磷农药，上市前均应进行相关的检测筛选，以避免有机磷和氨基甲酸酯类农药残留严重超标的蔬菜和水果流入市场。

农药残留检测方法主要有两大类——色谱检测法和速测法。色谱检测法能够较精确的定量，但检测分析方法繁琐，需要的仪器设备较昂贵，并要求技术人员有较高的操作水平，不适用于大规模样品的检测。速测法可以进行农残定性分析，具有短时间检测大量样本、检测成本低，对于检测人员技术水平要求低，易于推广等特点，是目前我国控制高毒农药残留的一种有效方法，也是应用最为广泛的农药残留快速检测方法。

（一）实验目的

（1）了解蔬菜等样品有机磷农药残留快速测定方法原理。

（2）掌握蔬菜样品有机磷农药检测酶抑制剂和速测卡法。

（二）实验原理

有机磷和氨基甲酸酯类农药能抑制昆虫神经中枢和周围神经系统中乙酰胆碱

酶的活性，造成神经传导介质乙酰胆碱的积累，影响正常传导，使昆虫中毒致死。乙酰胆碱酯酶水解后，水解产物可与某些显色剂反应产生颜色，有机磷和氨基甲酸酯类农药可以抑制乙酰胆碱酯酶的活性，使这种酶不能被水解，从而无显色反应。蔬菜提取液中加入乙酰胆碱酯酶和显色剂，可用来判断有机磷和氨基甲酸酯类农药残留是否存在。在溶液中反应后，用分光光度计测定吸光值随时间的变化，计算出抑制率，或肉眼直接观察变色反应，以此判断蔬菜中含有机磷和氨基甲酸酯类农药残留的情况。酶抑制率法对部分农药的检出限见表 3-3。

表 3-3 酶抑制率法对部分农药的检出限

农药名称	检出限/(mg/kg)	农药名称	检出限/(mg/kg)
敌敌畏	0.1	氧化乐果	0.8
对硫磷	1.0	甲基异硫磷	5.0
辛硫磷	0.3	灭多威	0.1
甲胺磷	2.0	丁硫克百威	0.05
马拉硫磷	4.0	敌百虫	0.2
乐果	3.0	呋喃丹	0.05

（三）实验仪器与材料

1. 实验器具

分光光度计或类似功能专用农残快速检测仪；天平（0.01g）；恒温水浴或恒温培养箱。

2. 实验药品与材料

（1）磷酸氢二钾、磷酸二氢钾、乙酰胆碱酯酶、碘化乙酰硫代胆碱、二硫代二硝基苯甲酸、碳酸氢钠。

（2）施用有机磷农药 7 天后采摘的菜心。

（四）实验内容与步骤

1. 实验试剂配置

（1）pH＝8.0 缓冲液：分别称取 11.9g 无水磷酸氢二钾与 3.2g 磷酸二氢钾，溶解于 1000mL 蒸馏水中。

（2）乙酰胆碱酯酶：根据酶活力用缓冲溶液溶解，3min 的吸光值变化 ΔA_0 值应控制在 0.3 以上。摇匀后在 0～5℃冰箱中保存，保存期不超过 4 天。

（3）底物碘化乙酰硫代胆碱：称取 25.0mg 碘化乙酰硫代胆碱，用 3.0mL 缓冲溶液溶解，在 0～5℃下保存。保存期不超过 2 周。

（4）显色剂：分别称取 160mg 二硫代二硝基苯甲酸和 15.6mg 碳酸氢钠，用 20mL 缓冲溶液溶解，4℃冰箱保存。

（5）也可选用由以上试剂配置的试剂盒。乙酰胆碱酯酶的 ΔA_0 值应控制在 0.3 以上。

（6）pH=7.5 缓冲液：分别称取 15g 磷酸氢二钠与 1.59g 无水磷酸二氢钾，溶解于 500mL 蒸馏水中。

（7）固化有胆碱酯酶和淀粉乙酸酯试剂的卡片（可购买成品）。

2. 蔬菜有机磷农药测定

（1）蔬菜样品预处理　菜心冲洗掉表面泥土，然后选取可食性部分 500g 左右，剪成 1cm 左右碎片，称取 1g，放入烧杯中，加入 5mL 缓冲液，振荡 1～2min，过滤去掉菜心碎片，滤液即提取液，静置 3～5min，待测。

（2）酶抑制率法（分光光度法）

① 对照溶液测试　先于试管中加入 2.5mL 缓冲液，再加入 0.1mL 酶液、0.1mL 显色剂。摇匀后于 37℃放置 15min 以上（每批样品的控制时间应一致）。加入 0.1mL 底物摇匀，此时溶液开始显色反应，应立即放入比色皿中，记录反应 3min 的吸光度的变化值 ΔA_0。

② 菜心提取液测定　于试管中加入 2.5mL 样品提取液，其他操作与对照测定相同，记录反应 3min 的吸光度的变化值 ΔA_t。

（3）速测卡法　取出一片速测卡，用白色药片蘸取蔬菜提取液，放置 10min 以上进行预反应，有条件可放入 37℃恒温装置中进行 10min 预反应，预反应后药片表面必须保持湿润。

将速测卡对折，用手捏 3min 使红色药片与白色药片叠合接触发生反应，或放入 37℃恒温装置中反应 3min。

另外同时测定一个用缓冲液替代蔬菜提取液的空白对照卡。

与空白对照卡相比较，白色药片不变色或略有浅蓝色表明有有机磷或氨基甲酸酯农药残留，白色药片变为天蓝色或对照卡颜色相同表明没有两类农药残留。

（五）实验结果与分析

（1）利用下式计算酶抑制剂法的抑制率：

$$抑制率(\%)=\frac{\Delta A_0-\Delta A_t}{\Delta A_0}\times 100\%$$

式中　ΔA_0——对照液反应 3min 吸光度的变化值；

ΔA_t——样品溶液反应 3min 吸光度的变化值。

（2）实验结果判断　当蔬菜样品提取液对酶的抑制率大于 50%时，表示样品中有高剂量的有机磷或氨基甲酸酯类农药残留，可判定样品为阳性结果，对检验结果阳性的样品需重复检验 2 次以上。

（六）注意事项

（1）葱、蒜、萝卜、韭菜、香菜、茭白、蘑菇和番茄汁液中，含有对酶有影响的植物次生物质，容易产生假阳性，处理样品时，可采取整株（体）蔬菜浸提或采用表面测定法。对一些含叶绿素较高的蔬菜，也可采取整株（体）蔬菜浸提法，减少色素的干扰。

（2）当温度条件低于37℃，酶反应速率随之放慢，药片加液后放置反应的时间也应相对延长，延长时间的确定，应以胆碱酯酶空白对照测试的吸光度变化ΔA_0在0.3以上为准。注意样品放置时间应与空白对照溶液放置时间一致才有可比性。酶的活性不够和温度太低都可能造成胆碱酯酶空白对照液3min的吸光度ΔA_0变化值<0.3。

（3）此方法适用于大量蔬菜样本的筛检，不适用于最后的仲裁检测。对检验结果阳性的样品，需用其他方法进一步确定残留农药的种类和进行定量测定。

第二篇　综合技能实验

第四章　农业污染调查与评价

实验一　土壤污染调查与评价（选取代表性重金属）

由于工矿业废水排放、大气污染沉降以及固体废物不合理堆置处理，许多土壤，特别是农田土壤遭受大面积的重金属、有机物等污染物的污染，对于土地的使用功能，如居民活动、农业种植等具有潜在危害。

对受污染土壤中污染物进行调查分析，并就污染状况进行总体评价是合理使用和正确处置这些土地的前提。

（一）实验目的

（1）进一步熟悉土壤污染物调查的原则。

（2）了解各类土壤环境质量标准。

（3）掌握土壤污染评价方法。

（二）实验原理与方法

本实验以选取展览会用地和食用无公害蔬菜产地为代表，利用布点采样测定或资料调研获取两类土壤部分重金属和有机污染物分布数据，参照两类功能土壤环境质量，利用单项污染指数和综合污染指数法对其进行评价。

单项污染指数法为普遍应用的单因子评价方法，其计算公式为：

$$P_i = \frac{c_i}{c_{io}}$$

式中　c_i——样品中第 i 种污染物浓度；

c_{io}——表示第 i 种污染物的环境质量标准限值。

即将土壤样点的每种污染物含量数据与相应的土壤环境质量标准对比，以确定该土壤的污染状况。当 $P_i \leqslant 1$ 时表示土壤未受污染，$P_i > 1$ 表明土壤受到污染，其值越大，表明污染越严重。

综合污染指数，即内梅罗综合污染指数法，可以反映各污染物对土壤环境质量的影响，能突出高浓度污染物的作用。

$$P_{\mathrm{m}}=\left\{\frac{\left[\left(\frac{C_i}{S_i}\right)^2_{\max}+\left(\frac{C_i}{S_i}\right)^2_{\mathrm{adv}}\right]}{2}\right\}^{0.5}$$

式中　P_{m}——内罗综合污染指数；

$(C_i/S_i)_{\max}$——土壤各污染物中单项污染指数最大值；

$(C_i/S_i)_{\mathrm{adv}}$——土壤各污染物单项污染指数平均值。

土壤环境质量分级标准见表4-1。

表4-1　土壤环境质量分级标准

等　级	综合污染指数	污染等级	污染水平
1	$P_{\mathrm{m}} \leqslant 0.7$	安全	清洁
2	$0.7 < P_{\mathrm{m}} \leqslant 1.0$	警戒线	较清洁
3	$1.0 < P_{\mathrm{m}} \leqslant 2.0$	轻度污染	土壤受轻度污染
4	$2.0 < P_{\mathrm{m}} \leqslant 3.0$	重度污染	土壤受重度污染
5	$P_{\mathrm{m}} > 3.0$	重污染	土壤受污染已经相当严重

展览会等用地部分重金属和有机污染物土壤环境质量标准限值（HJ/T 350—2007）见表4-2。

表4-2　展览会等用地部分重金属和有机污染物土壤环境质量标准限值

单位：mg/kg

污染物类型	A级	B级
镉	1	22
铅	140	600
铜	63	600
汞	1.5	50
砷	20	80
2-氯酚	39	1000

A级标准为土壤环境质量目标值，代表未受污染土壤环境水平，符合A级标准土壤可用于任何目的。

B级标准为土壤修复行动值，当达到B级标准限值，该场地必须实施场地修复工程使之符合A级标准。

符合B级质量但超过A级质量标准的土壤可适用于Ⅱ类土地利用类型，即土壤非直接暴露于人体的土地利用形式，如场馆用地、绿化用地、商业用地、公共市政用地。

无公害食品蔬菜产地环境质量标准（NY/T 5002—2001）见表4-3。

表4-3　无公害食品蔬菜产地环境质量标准　单位：mg/kg

土壤pH值	<6.5	6.5～7.5	>7.5
铅	250	300	350
镉	0.30	0.30	0.40
铬	150	200	250
砷	40	30	25
汞	0.3	0.5	1.0

（三）实验仪器与药品

（1）土壤样品布点、采集相关工具。

（2）土壤样品中重金属铅、镉、铬、砷、汞等分析测定仪器与药品

（四）实验步骤

1. 调查对象

（1）某化工厂搬迁后场地：表4-2所列的各污染物浓度；

（2）某无公害蔬菜生产基地：表4-3所列的各污染物浓度。

2. 调查方法

现场调研分析（按土壤样品采集、处理、制备等方法原则在实验区域土壤布点、采样，并带回实验室对各污染物进行分析测定获取含量数据）或咨询相关监测机构获取相应数据。总结2个调查区域数据，填入表4-4。

表4-4　调查区域各污染物浓度记录表

化工产搬迁土地			无公害蔬菜生产基地		
污染物类型	浓度范围/(mg/kg)	平均值/(mg/kg)	污染物类型	浓度范围/(mg/kg)	平均值/(mg/kg)
镉			pH值		
铅			铅		
铜			镉		
汞			铬		
砷			砷		
2-氯酚			汞		

3. 所调查两类土壤单项污染指数计算

将两类土壤每个样点测定的各污染物浓度与相应质量标准（表4-2、表4-3）数值按单项污染指数法相比较，计算每个样点每种污染的单项污染指数 P_i，P_i

大于 1 即为污染物超标，相应数值为超标倍数。化工厂搬迁土地根据含量情况选用表 4-2 中 A、B 两级限值。

4. 所调查两类土壤综合指数评价

基于单因子评价结果，对两类土壤每个样点进行综合指数计算。将两项评价计算结果填入表 4-5、表 4-6。

表 4-5 调查区域土壤污染情况：化工厂

样点	镉污染指数	铅污染指数	铜污染指数	汞污染指数	砷污染指数	2-氯酚污染指数	综合污染指数	污染水平
1								
2								
3								

表 4-6 调查区域土壤污染情况：无公害蔬菜基地

样点	镉污染指数	铅污染指数	铬污染指数	汞污染指数	砷污染指数	综合污染指数	污染水平
1							
2							
3							

（五）实验结果与分析

（1）利用单项指数评价结果对所调查两类土壤污染状况进行评价，仔细分析每个样点超标的污染物类型及超标程度（倍数），并进行比较分析，确定污染较严重的样点和污染物。

（2）利用综合指数评价结果对所调查两类土壤污染状况进行评价，与表 4-2 数值对应比较，仔细分析每个样点污染程度级等级，对于化工厂搬迁场地，给出其使用功能及修复的建议；对于蔬菜基地评价其是否可以继续作为无公害食品生产基地。

（3）撰写实验分析报告。

实验二 农田灌溉水污染调查与评价

随矿山或工业废水排放的污染物，通常都是进入下游农田灌溉水体，然后再由灌溉水进入农田，导致农田土壤污染，如大部分矿区农田土壤的重金属污染，因此灌溉水是农田污染的直接污染源之一。对处于工业或矿山周边区域农业耕作土壤污染防治，了解其灌溉水中相关污染物组成及对污染状态进行评价是农田土壤污染防治的重要监控措施。

（一）实验目的

（1）了解农田灌溉水污染物调查的原则。

（2）了解农田灌溉水质量标准。

（3）掌握农田灌溉水污染评价方法。

（二）实验原理与方法

本实验以重金属污染物为评价对象，在受重金属排放源影响的农田附近灌溉水系布设采样点，进行采样测定水中相关重金属污染物含量。

水样布点原则：突出重点，照顾一般的原则。距离污染源较近的区域加密布设样断面，较远的区域布设较稀疏断面。生产过程中对水质要求较高如直接食用的产品（如生食蔬菜），适当增加。对水质要求较低的粮油作物等，采样则适当减少。在农作物生产过程中灌溉用水的主要灌期采样至少一次。

灌溉水系采样断面设置方法：对于常年宽度大于 30m，水深大于 5m 的河流，应在所定监测断面上分左、中、右三处设置采样点，采样时应在水面下 0.3～0.5m 处和距河底 2m 处各采分样一个，分样混匀后作为一个水样测定；对于一般河流，可在确定的采样断面的中点处，在水面下 0.3～0.5m 处采 1 个水样即可。对于湖、库、塘、洼等，$10hm^2$ 以下的小型水面，一般在水面中心处设置一个取水断面，在水面下 0.3～0.5m 处采样即可，$10hm^2$ 以上的大中型水面，可根据水面功能实际情况，划分为若干片设置采样点。

根据水样中重金属含量按照单项污染指数法对调查的灌溉水体污染重金属状况进行评价。将灌溉水样点的每种重金属含量实测数据与《农田灌溉水质量标准》（GB 5084—2005）对比（表 4-7），以确定灌溉水的重金属污染状况。

表 4-7 农田灌溉水水质标准 单位：mg/L

项目	Hg	As	Pb	Cd	Cr	Cu	Zn
水作	0.001	0.05	0.1	0.005	0.1	1.0	2.0
旱作	0.001	0.1	0.1	0.005	0.1	1.0	2.0
蔬菜	0.001	0.05	0.1	0.005	0.1	1.0	2.0

（三）实验仪器与材料

（1）水样布点、采集相关工具。

（2）水样中重金属铅、镉、锌、铜分析测定仪器与样品。

（四）实验步骤

（1）调查对象：某矿山下游 50km 长，宽度 25m 左右、深 1～5m 的稻田灌溉河流。

（2）调查时间：主要水稻生长灌溉期。

(3) 调查方法：先用地图在调查河流段据矿山废水排放处 0、5km、10km、15km、20km、30km、40km、50km 处布设 8 个样点。然后到现场用 GPS 定位确定具体断面布设位置，利用采样工具在每个断面水面下 0.3m 处采 1 个水样，保存好带回分析。

(4) 重金属污染物化学分析：在实验室按前述相应方法对每个断面水样中 4 种重金属进行分析测定其含量。数据填入表 4-8。

表 4-8　××灌溉河流重金属铅、镉、铜、锌含量　　单位：mg/L

地点/km	0	5	10	15	20	30	40	50
Pb								
Cd								
Cu								
Zn								

(5) 所调查灌溉河流重金属污染评价：将每个断面测定的重金属铅、镉、锌、铜浓度与农田灌溉水质量标准（见表 4-2）相应数值按单项污染指数法相比较，计算每个断面每种重金属的单项污染指数 P_i，P_i 大于 1 即为重金属超标，相应数值为超标倍数。

(6) 以每种重金属含量为纵坐标，污水排放点距离为横坐标，做重金属含量随距离变化的柱状图。

(五) 实验结果与分析

(1) 利用单项指数评价结果对所调查河流 4 种重金属污染状况进行评价，仔细分析每个断面超标的重金属类型及超标程度（倍数），并根据重金属超标与不超标将调查河段划分为污染区与非污染区。

(2) 对重金属污染程度与污染源距离关系进行分析，并比较不同重金属之间的差别。

(3) 撰写实验分析报告。

实验三　农产品质量安全调查与评价

受污水灌溉、肥料施用及大气沉降等影响，许多城郊农田土壤处于轻度或中度污染状态，其中的污染物可能会向农产品转移，具有潜在农产品质量安全风险。农田污染物向农产品的转移会受多种因素影响，农作物品种、污染农田理化特性、污染物水平等都有可能导致污染物在农产品中富集程度不同。对中度或轻度污染农田生产农产品质量安全进行调查和评价是保证食品安全和监控污染农田危害及对农田合理耕作利用的重要措施。

（一）实验目的

（1）了解农产品调查与评价的原则。

（2）了解农产品安全质量标准。

（3）掌握农产品质量安全评价方法。

（二）实验原理与方法

本实验以中度重金属污染土壤生长的常见蔬菜为评价对象，选取即将成熟收获的蔬菜田，按污染土壤采样布点方法（见第一篇第一章第一节“污染土壤样品采集、处理及制备”实验）对不同蔬菜品种可食部分进行采样，测定其中相关重金属污染物含量。然后利用超标率和重金属污染指数对蔬菜中重金属污染状况进行评价，通过蔬菜中污染物日暴露量来评价其潜在的人体危害。

1. 蔬菜样品重金属超标倍数（污染指数）及超标率计算

根据蔬菜重金属污染评价标准《食品安全国家标准食品中污染物限量》（GB 2762—2012）中规定的绿叶类蔬菜重金属限量标准（表4-9），计算所采集蔬菜样品中相应重金属的超标倍数，所测定的蔬菜样品任何一种重金属污染物超标倍数大于1即为超标样品。

表4-9　绿叶类蔬菜重金属评价标准　　单位：mg/kg

类型	Pb	Cd	Cr	As	Hg
限值	≤0.3	≤0.2	≤0.5	≤0.5	≤0.01

超标率计算公式：

$$C_i=\frac{N_i}{N_{io}}$$

式中　C_i——某种蔬菜某类重金属超标倍数（污染指数）；

N_i——某种蔬菜中实际测的某种污染物含量，mg/kg；

N_{io}——蔬菜总相应重金属的限量标准，mg/kg。

每种蔬菜超标率则是计算重金属超标倍数大于1的样品数量在所有该种蔬菜样品数中的比例。

2. 蔬菜中污染物的日暴露量计算

$$P=WC$$

式中　P——蔬菜中污染物的日暴露量；

W——蔬菜日均消费量；

C——某种污染物在所有蔬菜样品中平均含量。

（三）实验仪器与材料

（1）蔬菜布点、采集相关工具。

(2) 蔬菜样品中重金属铅、镉分析测定仪器与样品

(四) 实验步骤

(1) 调查对象：某城郊 100km^2、种植品种多样的蔬菜田，土壤中重金属铅、镉中度污染。

(2) 调查时间：蔬菜即将收获上市期。

(3) 调查方法：在采集目标的土地利用图上标出调查区域，将整个区域划分成 1km×1km 的网格，然后在此区域内画 S 路线，在路线上均等选择 30 个网格作为采样单元，对各采样单元编号，并写出经纬度等地理信息。用 GPS 定位每个采样单元具体范围，每个采样单元内，按 S 路线 3 个蔬菜样品的可食部分，如果属于同种蔬菜则混合为一个样品装入样品袋，不同种则分开放置，每个样品做好标记记录。

(4) 蔬菜样品重金属污染物化学分析，在实验室按前述相应方法对每个蔬菜样中铅、镉进行分析测定其含量，每种蔬菜数据统计分析后填入表 4-10。

表 4-10　××蔬菜地重金属铅、镉含量　　单位：mg/kg

蔬菜品种	X_1					X_2		
	最大值	最小值	平均值	变异系数				
Pb								
Cd								

(5) 所调查蔬菜重金属污染评价：将每个蔬菜样品测定的重金属铅、镉浓度分别与限量标准（见表 4-2）相应数值比较计算超标倍数，然后统计每种蔬菜重金属污染超标率。

(6) 每种蔬菜每类重金属平均值与标准限值比较，计算该种蔬菜重金属污染指数法。

(7) 分别计算所有蔬菜中铅、镉平均浓度，查询蔬菜日消费量，计算该区域蔬菜铅、镉的人体日暴露量。

(五) 结果分析

(1) 对该区域蔬菜铅、镉污染状况进行评价，撰写评价报告。

(2) 比较不同品种蔬菜的污染超标程度，推荐该区域农田较安全的蔬菜种植品种。

第五章　污染物在农业生态系统中迁移转化

实验一　土壤对镉的吸附动力学、热力学实验

随各种污染源进入土壤的重金属污染物镉，会在土壤物理、化学、生物特性影响下发生各种迁移转化，进而影响其在土壤中长期滞留和生物有效性。溶解性镉离子被土壤颗粒的吸附是随污水排入的镉在土壤中滞留的主要途径，土壤颗粒中的黏土矿物、铁锰氧化物、腐殖质等都对镉具有较强的吸附能力，被吸附到土壤颗粒表面的镉可进一步和其中的碳酸盐、铁锰氧化物等结合，甚至进入土壤矿物晶格，了解土壤颗粒对镉的吸附特征是研究探索土壤镉污染防治的关键环节。

（一）实验目的

（1）了解土壤颗粒对镉离子吸附的影响因素。

（2）掌握土壤颗粒对重金属离子吸附动力学、热力学实验方法。

（3）掌握重金属离子吸附动力学、热力学方程的拟合。

（二）实验原理

镉进入土壤后，不断被土壤颗粒吸附，稳定条件下可达到吸附平衡状态。其吸附速率、平衡吸附量等参数遵循一定的吸附动力学和热力学特性。通常利用静态实验分析土壤颗粒对溶液中镉离子的吸附动力学和吸附平衡热力学特性，并拟合相应的吸附动力学和热力学方程，表达吸附速率、平衡吸附量等与影响因素之间的关系。

吸附动力学表达的是吸附时间与吸附平衡量间的关系，描述吸附动力学的关系方程主要有以下几种。

准一级动力学方程　$\ln(Q_e-Q_t)=\ln Q_e-kt$

准二级动力学方程　$t/Q_t=1/(kQ_e^2)+t/Q_e$

Elovich 方程　$Q_t=a+b\ln t$

双常数方程　$\ln Q_t=a+b\ln t$

抛物线扩散方程　$Q_t=a+0.5kt$

式中　Q_t——时间 t 的吸附量，g/kg，吸附质/吸附剂；

Q_e——平衡吸附量，g/kg，吸附质/吸附剂；

a，b，k——拟合常数，反应的是动力学吸附速率。

双常数方程和 Elovich 方程都是经验式，所求出的参数没有确切意义。双常

数方程是由 Freundlich 方程推导而出的，主要适用于反应较复杂的动力学过程。符合 Elovich 方程的物质吸附速率随固相表面吸附量增加而呈指数下降，它显示的是吸附-解吸过程为非均相扩散，通常不适用于单一反应机理的过程，但非常适用于反应过程中活化能变化较大的物质。抛物线扩散方程和一级动力学方程都是建立在化学动力学模型基础上的，抛物线扩散方程说明吸附-解吸过程是受扩散控制的交换反应过程。

吸附热力学则是关注吸附容量与平衡浓度之间的关系，常见的数学模型有三种：Langmuir 吸附模型、Freundlich 吸附模型和 Henry 吸附模型。

1. Langmuir 吸附模型

Langmuir 吸附模型被认为是吸附剂表面只能发生单分子层吸附，即吸附剂表面吸附能相同，每个活性中心只能吸附一个分子，并且各分子之间没有相互作用。该模型的具体形式如下：

$$q_e = kc_e q_m/(1+kc_e)$$

式中 q_e——平衡吸附量，g（吸附质）/kg（吸附剂）；

c_e——吸附平衡浓度，mg/L；

k——Langmuir 的平衡常数，与吸附剂和吸附质性质及温度相关，其值越大，表示吸附剂的吸附性能越好；

q_m——饱和吸附量，g（吸附质）/kg（吸附剂）。

为了讨论方便，上式一般简化为：

$$1/q_e = (1/kq_m)\times(1/c_e)+1/q_m$$

$1/q_e$和 $1/c_e$存在以 $1/q_m$为截距，以 $1/k$ 为斜率的线性关系，拟合实验数据，就可得到 $1/q_m$和 $1/kq_m$的值，进而得到 Langmuir 吸附等温式的表达式。

2. Freundlich 吸附模型

Freundlich 方程被认为是一个经典吸附模式，主要用于非线性吸附的研究，其表达式为： $q_e = 1/\mathrm{nk}c_e$

式中 k——常数，反映吸附强度；

n——常数，表示某一特定吸附过程中能量的大小变化。$n=1$ 表明物质在两相间的分配与浓度无关，$n>1$ 时反映的是标准 Langmuir 吸附模式；$n<1$ 表明其吸附是多种作用的综合。

方程两边取对数可得：

$$\lg q_e = \lg k + 1/n \lg c_e$$

3. Henry 吸附模型

该方程为直线式，可表示为：

$$q_e = kc_e$$

式中　k——分配系数。

（三）实验仪器与材料

1. 实验器具

摇床、原子吸收分析仪、分析天平、土壤筛、玻璃棒、烧杯、塑料瓶、漏斗、移液管等。

2. 实验药品与材料

氯化镉（$CdCl_2 \cdot 2.5H_2O$）、土壤风干样品、滤纸。

（四）实验内容与步骤

1. 实验试剂配置

（1）吸附动力学镉溶液　蒸馏水和氯化镉配置镉离子浓度 1mg/L 溶液 1200mL。

（2）吸附热力学镉溶液　蒸馏水和氯化镉配置镉离子浓度分别为 0、0.1mg/L、0.5mg/L、1mg/L、1.5mg/L、2mg/L、2.5mg/L、3mg/L 的溶液各 300mL。

2. 吸附动力学实验

称取过 20 目筛的风干土壤样品 1mg，装入 150mL 塑料瓶中，塑料瓶装有镉离子浓度 1mg/L 溶液 200mL，设置 3 个重复，另外设置一个不加土壤的空白对照，将塑料瓶放入 25℃ 摇床震荡开始吸附。在实验开始后 0、10min、30min、1h、3h、5h、10h、24h 用针筒抽取塑料瓶溶液样品 5mL，过滤，滤液滴加 1 小滴浓硝酸保存，原子吸收法测定其 Cd 含量，记录不同时间镉浓度，每个时间 3 个重复取平均值，溶液中镉浓度不再下降时到达吸附平衡，记录吸附平衡时间。

3. 吸附热力学实验

在含有 0、0.1mg/L、0.5mg/L、1mg/L、1.5mg/L、2mg/L、2.5mg/L、3mg/L 镉浓度溶液 100mL 的塑料瓶中，分别装入 1mg 过 20 目筛的风干土壤样品，每个浓度设置 3 个重复，将各浓度塑料瓶放入 25℃摇床震荡开始吸附，直至达到吸附平衡（吸附时间参考动力学结果），然后将各瓶中溶液过滤，滤液测定镉含量，并利用下式计算各瓶中土壤的平衡吸附量。

$$q_e = \frac{V(c_0 - c_e)}{m}$$

式中　q_e——土壤的吸附量，即单位重量的土壤所吸附的镉的量，mg/g；

V——镉溶液体积，L；

c_0、c_e——吸附前溶液中镉浓度和吸附平衡时镉的浓度，mg/L；

m——土壤质量，g。

4．实验数据处理

（1）吸附动力学方程拟合　利用吸附动力学实验中不同时间溶液镉浓度计算土壤对镉的吸附量 Q_t 及平衡吸附量 Q_e，以 Q_t 为纵坐标，时间 t 为横坐标作 Q_t 随时间变化曲线图，然后分别用前述动力学方程对实验数据进行拟合，给出拟合参数与相关系数。

（2）吸附热力学方程拟合　计算出吸附热力学试验中不同镉浓度的吸附平衡量 q_e 和吸附平衡浓度 c_e 实验数据，以 q_e 为纵坐标，c_e 为横坐标作 q_e 随 c_e 变化曲线图，并分别利用前述的 3 个吸附等温方程进行拟合，给出拟合参数与相关系数。

（五）实验结果与分析

（1）总结分析所研究土壤对镉吸附的动力学特点，即分析吸附量对时间变化的特点，并指出适用的动力学方程（拟合相关系数较高的方程）。

（2）总结分析所研究土壤对镉吸附的热力学特点，即分析平衡吸附量与平衡吸附浓度之间的关系，并指出适用的动力学方程（拟合相关系数较高的方程）。

实验二　土壤中氮、磷植物营养物质淋溶实验

氮磷是导致水体富营养化的主要污染物，一个重要来源则是农田土壤中过量施用的氮磷肥。土壤中未被作物吸收利用的氮磷随降雨入渗到地下水、排入湖泊、河流的过程称为氮磷的淋溶，该过程是氮磷从农田土壤向水体迁移的主要途径。农田土壤中氮素的淋溶以硝态氮为主，大部分淋溶的磷则是主要以泥沙结合态的为主，随土壤颗粒的冲刷而带出，也有部分是土壤可溶性的有效磷。土壤氮磷的淋溶受多种因素影响，包括降雨、土壤类型、施肥量等。了解流域土壤的氮磷的淋失特点是进行农业面源污染防治的关键。

（一）实验目的

（1）了解土壤氮磷淋溶影响因素。

（2）掌握土壤氮磷淋溶室内模拟实验的设计及操作方法。

（二）实验原理

土壤氮磷淋溶特点可通过两类实验方法反映，野外原位淋溶和室内土柱模拟。原位淋溶可以较好地反映实际土地利用情况下的氮磷淋溶流失特点，但不能灵活的改变条件研究不同因素的影响；室内土柱模拟试验则具有较强的灵活性，可以较方便地改变条件，从而研究不同因素的影响，是土壤氮磷淋溶研究的基本实验手段。本实验主要是采用室内模拟土柱淋溶实验，研究连续暴雨条件下稻田土壤氮磷的淋溶特点。

室内模拟土柱淋溶实验以填充经过处理的实验用土壤的 PVC 土柱作为主要的实验装置，按设定降雨条件，人工淋入配置的雨水，然后收集经过土柱的淋滤

液，测定其中相应氮磷含量，同时监测淋滤前后土壤中氮磷变化，总结实验用土壤的氮磷淋失特性。

（三）实验仪器与材料

1．实验器具

（1）室内模拟土柱淋溶装置（结构如图 5-1 所示），通常是实验研究根据具体情况加工制作。

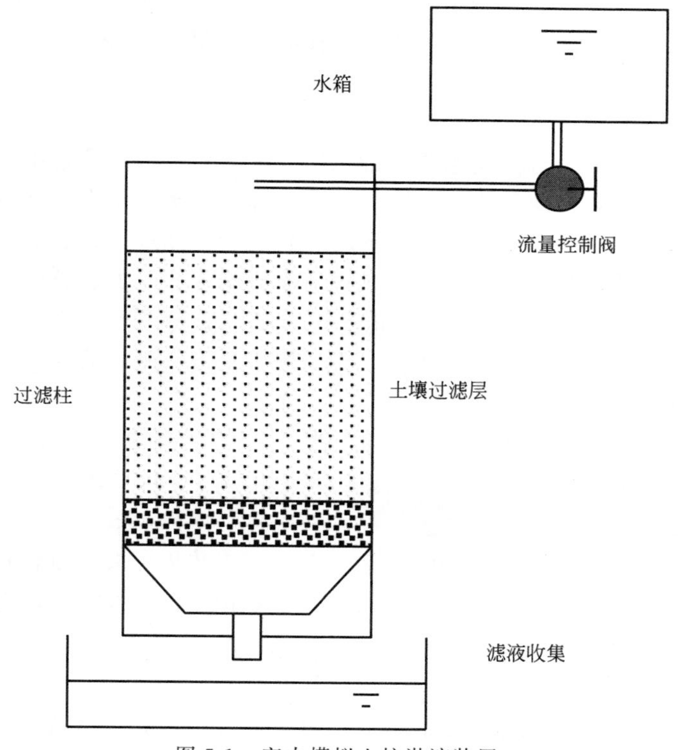

图 5-1　室内模拟土柱淋溶装置

（2）土壤中全氮、全磷测定实验装置与器具。

（3）淋滤液中氨氮、硝酸盐氮、总氮、总磷测定的实验装置与器具。

2．实验药品与材料

土壤中全氮、全磷测定实验药品；淋滤液中氨氮、硝酸盐氮、总氮、总磷及颗粒态磷测定的实验药品；定性滤纸；施化肥后的稻田土壤风干样品。

（四）实验内容与步骤

1．淋溶土柱的制作

（1）淋溶土柱设计　采用直径 80mm 的 PVC 管，总高为 65cm，分为三段，从下往上依次 10cm 的砂石段，40cm 的淋溶土柱段和 15cm 的超高。考虑到作物根系主要集中于 0～20cm 的土层，而对 40cm 以下的土壤养分吸收很少，故将淋溶至 40cm 以下的氮磷视为淋溶损失。土柱上方为淋溶用水，用流量控制器控制淋溶强度，淋溶喷洒出水口固定于淋溶土柱管管口。土柱下接淋滤液收集器，收集淋溶渗滤液。

（2）土柱填充　首先在管底铺一层纱布，上铺高 10cm 的鹅卵石，空隙里填充细砂，根据农田土壤容重范围 1～1.5g/cm^3，称取 2000g 左右研磨过 2mm 筛的稻田土样，装入土柱，并喷洒蒸馏水，使其自然沉降到 40cm 高。为了均匀布水，土柱表层铺一层纱布和滤纸。

2. 淋溶步骤

采用间歇淋溶法，淋溶用水为蒸馏水。根据气象资料，按暴雨降雨量进行淋溶，控制在 10mm/h。每隔 2 天淋溶一次，共淋溶 3 次，每次淋溶淋滤液采用带体积刻度滤液收集器（可用塑料烧杯代替）进行收集，直至滤液流出量小于 2mL/h，测量每次淋滤液体积并测定其氨氮、硝态氮、总氮、总磷及颗粒态磷浓度。3 次淋滤结束后，取出上层 40cm 土柱土壤，混匀风干，测定其中全氮、全磷含量。同时取样测定未淋滤的原始风干土壤中全氮、硝酸盐氮、全磷含量。

3. 各指标测定

淋滤液中氨氮测定采用纳氏试剂比色法，硝酸氮测定采用紫外分光光度法，总氮采用碱性过硫酸钾-消解紫外分光光度法测定，总磷采用过硫酸钾消解钼锑抗比色法测定。

土壤中总氮采用开式消煮蒸馏硼酸滴定法，硝酸盐氮采用氯化钾浸提后盐酸 *N*-(1-萘基)-乙二胺比色法，土壤全磷采用氢氧化钠熔融消解后，钼锑抗分光光度方法。

4. 实验数据处理

（1）利用淋溶液体积与测定的氨氮、硝酸盐氮、总氮、总磷及颗粒态磷浓度分别计算淋失的氨氮、硝酸盐氮、总氮、颗粒态磷总量。

（2）利用未淋滤土样中的总氮、硝酸盐氮、总磷浓度和土柱装填的土样总质量计算淋溶前土壤中的总氮、总磷量。

（3）计算淋失总氮、硝酸盐氮、总磷在土壤总氮、硝酸盐氮、总磷中的比例。

（4）将上述 3 类数据整理成图表表示。

（五）实验结果与分析

（1）分析总结模拟暴雨条件下，所研究的土壤淋失液中氮磷的组成，提出氮磷各自主要的淋失形式。

（2）分析总结所研究土壤在模拟暴雨条件下的淋失特点。

（六）注意事项

（1）淋溶时出水量随时间变化要均匀一致，而且在土柱断面均匀分布。

（2）滤液收集要完全。

实验三　水生蔬菜对灌溉水中重金属的吸收富集

水环境中的污染物可通过水产品进入人体，进而危害人体健康。除了鱼虾等水生动物外，还包括大量的植物水产品：水生蔬菜，如空心菜、莲藕、茭白、水芹等，在水资源较充沛的南方地区被广泛栽培生产，是这些区域乃至全国所食用蔬菜的重要组成部分。

水生蔬菜是由野生的水生植物栽培选育而来，有些是水生植物的全株，如水蕹菜，有些只是植株的某一部分，如莲藕和茭白。大部分水生蔬菜生长仍然具有水生植物特点，根和茎叶在生长过程中会对底泥或水中的污染物，特别是重金属污染物进行一定程度的富集。水生蔬菜对重金属的富集受到多种因素的影响，包括水中污染物浓度、蔬菜品种。水生蔬菜对污染物富集研究，可评估水培环境及水培蔬菜种类的安全性，为污染环境的治理及水培蔬菜的安全生产提供有益的参考。

（一）实验目的

（1）了解水培蔬菜种植过程及安全食用标准。

（2）掌握水培蔬菜对水中重金属污染物富集的实验体系及数据处理方法。

（二）实验原理

生物富集是指试验生物体（或特定组织）内某种污染物的浓度与生长介质中该物质浓度的比值，常用生物富集系数 BCF 表示。随着生物的生长，污染物在生物体内浓度会逐渐变化，最终随生物量稳定达到稳定状态（变化幅度在+20%）。通常用稳定状态下的生物富集系数表征生物体对某种污染物的富集程度。

本实验采用栽培和食用较广泛的空心菜（水蕹菜）作为受试蔬菜，铅作为污染物，空心菜生长包括种子育苗期和移栽生长期，其中移栽后生长期主要在水培条件下完成，最有可能对水中污染物进行富集，生长期通常为 20～28d 左右，因此本实验以生长栽培期作为受试时间段，监测其对水中铅的积累情况直至达到稳定状态，计算富集系数，评估富集程度。

（三）实验仪器与材料

1. 实验器具

（1）pH 计、分析天平。

（2）水中、蔬菜中铅镉测定仪器。

（3）砂培育苗装置：采用全玻璃装置水箱。

（4）水培装置：采用全玻璃装置水箱。

(5) 植物承托基质：育苗采用石英砂，水培采用成品可漂浮在水上的塑料栽植盘。

2. 实验药品与材料

(1) 空心菜培养的 Hogland 营养液（配方见表 5-1）。

表 5-1 Hogland 营养液组成成分及浓度

化学试剂	浓度/(mg/L)
KNO_3	660
$MgSO_4 \cdot 7H_2O$	520
$Ca(NO_3)_2 \cdot 4H_2O$	940
$NH_4H_2PO_4$	120
EDTA-Fe	42
H_3BO_3	2.80
$MnSO_4 \cdot H_2O$	3.40
$CuSO_4 \cdot 5H_2O$	0.10
$ZnSO_4 \cdot 7H_{21}O$	0.22
$(NH_4)_6MO_7O_{24} \cdot 4H_2O$	0.10

(2) 水中、蔬菜中铅、镉测定实验药品。

(3) 空心菜种子、石英砂。

(四) 实验内容与步骤

1. Hogland 营养液配置

按表 5-1 配置 Hogland 营养液。

2. 砂培育苗

将新配制的 Hogland 营养液加至已装满 10cm 厚石英砂的玻璃育苗装置中，水位维持在石英砂表面下 5cm，将植物种子置于石英砂表面下 3cm 处，避免种子浸入受试液中，影响出苗率。每平方米均匀放置 100 粒种子。幼苗长至 10cm 高左右结束砂培育苗。育苗过程中不断添加蒸馏水弥补营养液蒸发损失。

3. 水培暴露富集

首先，根据农田灌溉水、渔业、铅锌矿山废水排放标准等铅的含量，在 Hogland 营养液中加入分析纯硝酸铅分别配制 0.03mg/L 和 0.2mg/L 的含铅培养液。

然后，选取株高一致的幼苗进行水培暴露实验。将幼苗从砂培基质中取出，用蒸馏水慢慢冲掉根部的石英砂颗粒，注意尽量减少根的损伤，然后移栽到水培装置的栽植盘中，每个栽植孔移栽 2～3 株幼苗，每个水培装置移栽 15～20 株幼苗，栽植盘下部水箱中放入受试液 20L，可保证幼苗根部浸入受试液。每个受试液浓度设置 3 个重复，水培 28d 后结束。

同时设置不加铅的 Hogland 营养液水培作为对照。每个铅浓度设置 2 个重复，约 40 株空心菜。

4. 培养液、蔬菜取样分析

每个装置 5～7 天更换一次水培液，期间不断添加蒸馏水弥补水培液蒸发损失。每个装置在实验前和每次更换水培液前后测定水中、蔬菜中铅浓度，水培液使用前和使用后的平均值作为培养期间铅的浓度。

按虹吸原理，使用吸管从试验装置的中部区域采集水样供分析测定。应保持容器尽可能的干净。每次取植物样时，从培养装置取出 9 株蔬菜，快速用水冲洗，将每株分为地上部和地下部，地上部分吸干体表水分后测定鲜重，然后 45℃烘干至恒重。

5. 培养液、空心菜中铅的分析

培养液适当浓缩后采用原子吸收法测定，空心菜样品灰化经硝酸、高氯酸消解后，使用双硫腙比色法测定。

6. 实验数据处理

将蔬菜地上部铅浓度按时间绘制在坐标纸上形成曲线，如果曲线已经达到了一个稳定的状态，也就是说，对于时间轴已经变成了一条近似的渐近线，用下式计算稳定状态的生物富集系数（BCF_{ss}）：

$$BCF_{ss}=\frac{c_f}{c_w}$$

式中　c_f——蔬菜组织中铅的平均浓度；

c_w——培养液中铅的平均浓度。

当稳定状态没有达到时，也能够计算出 80％或 95％稳定态的 BCF_{ss} 值。

（五）实验结果与分析

（1）分析 2 种铅浓度下空心菜地上和地下部分对培养液中铅的富集性。

（2）与蔬菜食品安全标准对照，评估在 2 种铅浓度下，空心菜铅含量是否超标。

（六）注意事项

（1）*BCF* 值表达蔬菜地上部总湿重的函数，需要干重浓度与含水率进行换算。

（2）育苗最好在日光网室，平均气温达到 25℃以上时进行，若日光网室温度条件不满足，可改在控光控温的人工气候室进行。

实验四　重金属超积累植物对土壤中镉的富集

近年来，随着工农业的快速发展，重金属污染日趋严重，导致农用耕地面积锐减，相当数量农田的土壤质量也日趋下降。目前，我国受重金属镉污染灌溉农

田就有 $1.3\times10^4 hm^2$，涉及 11 个省市的 25 个地区，每年生产镉超标大米多于 $5000\times10^4 kg$。

受金属污染农田土壤迫切需要修复与治理，从而消除其对水稻等粮食作物安全生产的潜在危害。重金属污染土壤的治理和修复方法有多种，如客土换土法、淋洗法、热处理法、固化法、动电修复法、植物修复等。对于处于中等污染程度但受污染区域面积较大的农田土壤来说，植物修复技术是具有较好的修复效果和经济适用性的技术，目前是农田土壤重金属污染修复研究应用的热点。

（一）实验目的

（1）掌握超积累植物对土壤重金属镉的吸收和积累特性。

（2）了解植物修复重金属污染土壤的原理。

（二）实验原理

一些长期生活在重金属含量较高土壤上的植物，为了适应特殊的环境条件，经过不断进化，发展出了对某种或几种重金属超强富集能力，可以大量地从土壤中吸收这些重金属，从而使体内重金属含量达到普通植物的 100 倍以上。国内外文献报道的重金属超富集植物主要有锌镉铅超积累的东南景天、镉超积累的遏蓝菜、砷超积累的蜈蚣草等。

污染土壤植物修复就是在重金属污染土壤上种植培育超积累植物，利用超积累植物吸收土壤中重金属并将其转移到地上部分，通过对地上部分进行收割后集中处理，让土壤中重金属含量和活性下降。利用超积累植物修复重金属污染土壤，成本低廉、易大规模栽培、不会造成二次污染，但所需要的时间较长。

本实验选用镉超积累植物东南景天，通过将其培育在镉污染土壤上，通过对其地上部分镉富集量计算，评价其对土壤中的镉修复效果。

（三）实验仪器与材料

1. 实验器具

（1）原子吸收光谱仪、马弗炉、烘箱、天平、尺子、干锅、容量瓶等土壤、植物中重金属镉测定的仪器、用品。

（2）日光温室、塑料花盆等植物种植培养装置。

2. 实验药品与材料

（1）土壤中、植物中镉测定实验药品。

（2）超积累植物东南景天种苗。

（3）土壤：镉污染土壤（可以采自受矿业活动影响的土壤或者污灌土壤）或者人工污染土壤（土壤中添加 $CaCl_2$，使镉浓度分别 10mg/kg、25mg/kg、50mg/kg）。

（四）实验内容与步骤

1. 镉污染土壤的准备和装盆

（1）镉污染土壤。从野外采集污染土壤后，自然风干，去除大的石砾等，装盆，每盆装 2kg 土壤，重复 3 次。

（2）人工污染土壤。采集当地的土壤，添加镉 $CaCl_2$，使镉浓度分别 10mg/kg、25mg/kg、50mg/kg，每个浓度重复 3 次，每盆加土 2kg。

（3）普通育苗土壤。

2. 超积累植物幼苗的繁育

在日光温室中，采用插枝的方法，从东南景天种苗上切下分枝，扦插在育苗土壤上，繁育东南景天幼苗，定期浇水，观察幼苗生长情况。

3. 盆栽实验

当插枝东南景天幼苗生长到 3～4cm 时，移栽到镉污染土壤，每盆移栽 4 株植物。植物生长期间，根据实际情况，补充去离子水，使土壤保持田间持水量的 60%。

4. 收获植物

按常规栽培管理，60d 后采收，分为地上部分（茎、叶）和地下部分（根），自来水冲洗后，再用去离子水洗净。记录植物的株高、地上部和根系的鲜重。

将根系和地上部分别装入干净的信封，于 105℃下杀青 30min，然后 70℃烘干至恒重，记录根系和地上部的干重，计算根系和地上部的镉含量（μg/g）。

5. 测定与分析

（1）测定植物地上部和根系中镉含量　植物 Cd 含量测定采用湿式消煮法——原子吸收光谱法。

（2）测定盆栽试验前后土壤中镉总量　土壤中镉高氯酸硝酸消煮——原子吸收光谱法测定。

（五）实验结果与分析

（1）按下式计算地上部镉的积累总量

$$地上部镉积累总量(g/盆)=地上部的生物量(g/盆)\times地上部的镉含量(\mu g/g)$$

（2）按下式计算植物对镉的富集系数和转运系数

$$富集系数=地上部镉含量(\mu g/g)/土壤镉总量(\mu g/g)$$

$$转运系数=地上部镉含量(\mu g/g)/根系镉含量(\mu g/g)$$

（3）按下式计算植物对土壤中镉的修复效率

$$修复效率=\frac{地上部镉积累总量(g/盆)}{土壤镉全量(\mu g/g)\times土壤质量(g/盆)}$$

（4）撰写实验报告，利用上述数据分析东南景天对土壤中镉的修复效果及应用前景。

实验五　重金属严重污染土壤的化学淋洗

由于长期受到工业排放的富含重金属废水、废气的影响，许多工矿企业周边土壤重金属污染严重，使得这些土壤基本失去任何使用功能，并对周边居民具有潜在的健康威胁，迫切需要有效的技术手段能够将其重金属污染物快速去除。

物理方法（如客土换土法）和化学方法（如淋洗法等）对于污染土壤中重金属的快速去除具有较好的效果。其中重金属严重污染的土壤，如汞、砷、铜等严重污染土壤利用化学淋洗法治理已经有广泛研究和应用实例，化学淋洗技术已经成为这类土壤治理修复的较适用的技术选择。

（一）实验目的

（1）掌握对土壤重金属中汞具有较好淋洗效果的常用化学淋洗剂。

（2）熟悉重金属污染土壤化学淋洗的实验过程。

（3）了解土壤重金属化学淋洗的原理。

（二）实验原理

土壤化学淋洗修复是借助能促进土壤环境中污染物溶解或迁移的化学/生物化学溶剂，利用重力作用或通过水力压头推动淋洗液注入被污染的土层中，然后把含有污染物的液体从土层中抽提出来，进行分离和污水处理的技术。常用的淋洗液主要有水、稀释的酸碱液和表面活性剂溶液。土壤淋洗法常用的淋洗液有清水、无机溶液、有机酸及螯合剂等。清水适用于溶解度高的土壤污染物，无机溶液主要是无机的酸碱盐溶液，通过溶解或与重金属离子发生络合反应来增加重金属在无机溶液中的溶解性，有机酸及螯合剂主要通过络合/螯合作用，将吸附在土壤颗粒及胶体表面重金属离子解络下来，然后利用自身强的络合（螯合）作用和重金属离子形成强的螯合体，从土壤中分离出来，目前研究比较多的主要有柠檬酸、酒石酸、EDTA、DTPA等。该技术的优势：不需要土体位移，低处理费用，对土壤生态系统破坏较小，对于深层土壤修复成本较低，对于均匀、渗透性好的土壤处理效果更好。

本实验以汞严重污染土壤为例，介绍重金属污染土壤化学淋洗的静态及动态实验步骤与过程。

（三）实验仪器与材料

1. 实验器具

冷原子吸收测汞仪、电热砂浴、汞反应瓶等土壤、溶液中汞测定的仪器及器皿。

土壤重金属淋滤的动态实验装置，与土壤氮磷淋滤装置类似，可采用直径

8～12cm，高50～100cm的塑料PVC管加工制作，下端封口，打孔接入淋滤液导管，由于淋滤出的溶液中含有重金属毒性较高，导管应严格密封确保没有渗漏，整个装置固定在支撑架上，保持水平即可。

2. 实验药品与材料

(1) 土壤中、溶液中汞测定实验药品。

(2) 淋洗剂：盐酸、氢氧化钠、柠檬酸、乙二胺四乙酸钠。

(3) 汞污染土壤（含汞废水污染土壤）或者人工污染土壤（土壤中添加$HgCl_2$，使汞浓度分别100mg/kg、150mg/kg），土样磨细过2mm筛。

（四）实验内容与步骤

1. 淋洗液制备

盐酸、氢氧化钠、柠檬酸、乙二胺四乙酸钠四种淋洗剂分别根据其相对分子质量称取一定质量配制成0.1mol/L淋洗液各1L，柠檬酸、乙二胺四乙酸钠淋洗液调整pH值到7，另外准备1L去离子水作为淋洗剂。

2. 静态淋洗实验

分别称取25g过筛污染土样，放置于5个500mL三角瓶中，分别加入250mL的上述淋洗液，形成5个淋洗系统，在室温下，以250r/min振荡24h，然后转入塑料离心管离心20min（3000r/min），取上清液，用0.45μm微孔滤膜过滤，保存滤液，离心土样倒出风干，分别测定滤液和土样中Hg的浓度。

3. 动态淋滤实验

淋洗土柱制备：用硝酸浸泡清洗后粒径1mm左右石英砂，晾干后填充到淋滤柱下层约5cm高，上面装填污染土样30cm高，土样上部平铺2～3层滤纸，土柱用去离子水浸泡至饱和（土样表明水分不再下渗）。

根据静态实验结果，从上述淋滤液中选取淋出效果较好的一种，重新配制5L淋滤液，每天淋滤1次，淋滤量1L，时间2h，通过流量控制器控制淋滤速度均匀，共淋滤5次。每次淋滤液分别收集，并测定其中汞浓度与含量；淋滤后土柱中土样从上到下每隔10cm分隔，共分成3部分，每部分混匀风干，按四分法取样测定其中汞浓度。

（五）实验结果与分析

(1) 按下式计算静态实验条件下，不同淋洗剂对土壤中汞的淋出率。

土壤汞的淋洗率＝淋洗后土壤汞的浓度/淋洗前汞的浓度（mg/kg）

(2) 根据动态实验每次淋洗液中汞的含量，分析比较土壤中汞的淋出特点。

(3) 根据动态实验，淋洗后土柱的不同高度中汞浓度，分析比较垂直淋滤对不同层土壤汞的影响。

(4) 撰写实验报告，讨论分析土壤中汞化学淋洗的效果及适用性。

实验六　土壤重金属化学固定

重金属污染土壤通常是由于污水灌溉或大气沉降等导致，具有浓度低、面积大等特点，对于处于中等污染程度的大范围农田土壤，利用化学淋洗、植物修复等方法将其中重金属污染物清除往往花费成本较高，难以大面积实施。通过添加外源物质使土壤中重金属固定，降低其迁移性和生物有效性，避免其对农作物的危害，通常被称为土壤的原位化学固定修复，也是中等污染农田土壤较常用的土壤重金属污染防治方法。

（一）实验目的

（1）掌握不同改良剂对重金属污染土壤原位化学固定的原理。

（2）理解改良剂对土壤重金属离子的固定效率的评价方法。

（二）实验原理

重金属污染土壤原位化学固定修复是通过添加不同外源物质固定土壤中重金属元素，达到降低重金属迁移性和生物有效性的一种重要方法。许多具有俘获土壤中重金属离子能力的自然物质和工业副产品，如磷矿石、泥炭土、石灰和有机肥等都是有效的固定剂。

磷酸盐类化合物固定剂可吸附重金属，也可以与重金属共沉淀，降低重金属的生物有效性。石灰是广泛使用的碱性材料，施用后能提高土壤的 pH 值，对土壤中的重金属起到沉淀作用。沸石由于有很高的离子交换量，施用后既能降低重金属的毒性，又能减少植物对重金属的吸收。工业附属产品粉煤灰的成分有很大差异，但大部分为铁铝硅酸矿物，能增加土壤的碱性和盐分，从而对重金属起到稳定作用，另外铝土矿渣（红泥）重金属的固定效果也非常明显，这些固定剂根据其特性，各自适用于不同条件的土壤。

本实验以铅污染酸性土壤为例，介绍土壤中重金属固定处理的实验步骤与过程。

（三）仪器和试剂

1. 试验材料

供试的改良剂包括沸石（化学纯）、石灰石（分析纯）和羟基磷灰石（分析纯）、猪粪、鸡粪、蘑菇渣。

试供土壤为受酸性矿山废水中铅污染的农田土壤。

2. 仪器和器皿

烧杯、三角瓶、恒温振荡仪、pH 计、原子吸收光谱法等。

（四）试验过程

1. 土壤培养试验

土壤样品自然风干，去除杂物，磨碎过 2mm 尼龙筛。准确称取 50.00g 土样多份，分别置于 100mL 烧杯中，分别添加沸石、石灰石、羟基磷灰石、猪粪、鸡粪、蘑菇渣作为固定剂，添加用量为 5.0g 固定剂 1kg 土壤，以不加任何改良剂的土壤为对照（CK），每个处理重复 3 次。改良剂与土壤充分混匀后，每个烧杯中加入 20mL 去离子水，使土壤含水量约为田间最大持水量的 60%，置于干燥通风处。土壤培育 30 天，取土壤样品测定土壤 pH 值和有效 Pb 含量。

2. 土壤 pH 值和有效 Pb 含量测定

土壤 pH 值测定采用玻璃电极法（水：土为 2.5：1）。

有效铅含量的测定方法：称取 10.00g 风干土壤（20 目）放入 150mL 三角瓶中，加 1mol/L NH_4NO_3 浸提液 25mL，在 160r/min 恒温 25℃振荡 2h 后，静置 5min，取上层清液过滤。原子吸收光谱法测定滤液中铅含量。

（五）实验结果与分析

（1）计算不同混合改良剂对铅的固化率。

$$铅固化率=(CK-DT)/CK\times100\%$$

式中　CK——对照土壤中的铅有效态含量；

DT——施加改良剂土壤中的铅有效态含量。

（2）比较不同固化剂的固化效果。

（3）撰写实验报告，讨论分析土壤中铅的固定化效果及适用性。

实验七　稻田土壤温室气体排放通量测定实验

自工业革命之后，由于人类活动对自然过程的加剧干扰，大气中 CH_4、N_2O 和 CO_2 等气体浓度持续增加，这些气体具有较强的增温效应，被称为温室气体，其浓度不断升高是全球变暖的主要原因。CH_4、N_2O 相比 CO_2 具有更强的增温效应，而水稻田淹水的耕作特点是其可以排放大量的 CH_4、N_2O。CH_4、N_2O 都是相应微生物在厌氧环境条件下对有机物代谢分解的产物，长期淹水形成的厌氧水稻田是这两种温室气体产生的理想场所，大面积耕作的稻田土壤已经成为大气 CH_4、N_2O 的主要来源，因此稻田耕作在全球变暖中的效应也引起了广泛关注，稻田温室气体排放一直是农田生态环境研究领域的热点。

（一）实验目的

（1）了解稻田土壤 CH_4、N_2O 排放的机理。

（2）掌握 CH_4、N_2O 排放通量测定的静态箱-气相色谱法。

（二）实验原理

CH_4 和 N_2O 是土壤中的有机碳和活性氮经过一系列复杂转化过程的产物，这些过程需要土壤微生物的参与和合适的土壤环境条件，它们在土壤中产生和转化，最终通过植物通气组织、气泡或者扩散的形式传输给大气。

稻田 CH_4 的产生是一个严格厌氧环境下的微生物过程，产甲烷前体在产甲烷菌的生化作用下形成 CH_4，而土壤中复杂有机物、脱落物、根系分泌物等分解为的简单有机物等都是产甲烷前体，其含量的多少很大程度上决定了甲烷的生成量。稻田土壤所产生的 CH_4 一部分被甲烷氧化菌所氧化，特别是在水稻根系周围的氧化层和水土界面的氧化层中，其余的则传输向大气，具体如图 5-2 所示。

稻田 N_2O 是土壤中活性氮被相关微生物进行生化作用（主要有硝化作用、反硝化作用、硝态氮异化还原成铵作用）产生，这在水稻生长期和非水稻生长期均能进行，这与 CH_4 不同，稻田全年都有可能排放 N_2O。但在长期淹水条件下由于土壤强还原性，产生的 N_2O 会被进一步还原为 N_2，检测不到排放量，但在干湿交替或者晒田期间、冬闲期间，排放量容易被检测出。N_2O 排放的简要过程如图 5-3 所示。

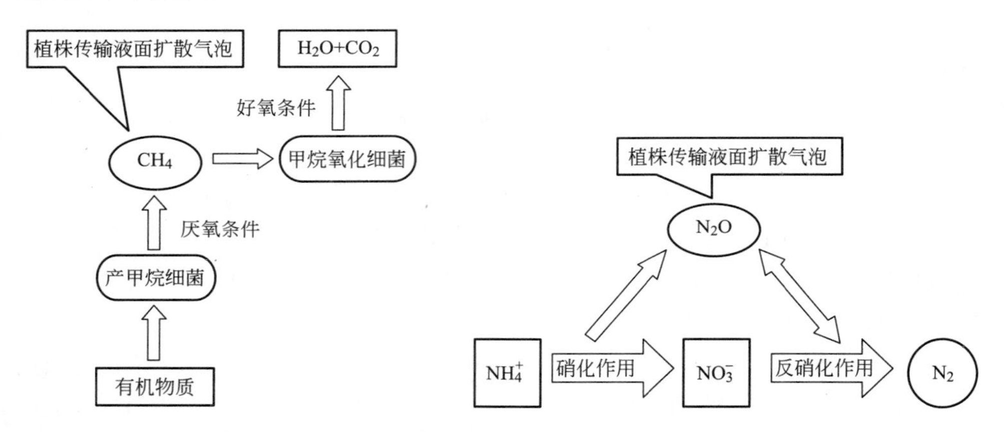

图 5-2　稻田生态系统 CH_4 排放简要示意　　图 5-3　稻田生态系统 N_2O 排放简要示意

稻田土壤温室气体排放通量主要方法有静态箱-气相色谱法、微气象法和土壤空气浓度分析方法，其中以静态箱-气相色谱法最常用和普遍，即用一箱子将被测的土壤耕作区或实验室盆栽装置罩住，将其密封并与外界隔绝，通过测量箱内气体浓度的变化而得到气体的排放量。在使用静态箱方法中，可分为手动采样和自动采样两种方法。手动采样是在采样时用一采样箱（有机玻璃罩或其他具有透光性的物质）把被测的地面罩住，在一定时间内用采样器定期抽取箱内气体 3～5 次，采样完成后立即将采样箱移走，以减少其对被测环境的影响，而气样则在实验室中进行分析，其优点在于其对被测环境的影响较小，采样的方法也较为简单，但采样频率和采样时间的选择很重要。自动采样是利用抽气泵，将采样箱内的气体定期直接抽入实验室而测出温室气体的排放率。这套系统由一套复杂的观测气路和电路组成，采样箱在水稻的整个生长过程中都固定在稻田中，观测时箱子自动开关，整个系统由一台计算机控制，可对稻田进行24h连续监测。

气样在实验室内用气相色谱仪可分析出待测温室气体浓度，这也是目前最常用、测定精度较高的方法。色谱法的分离原理是利用待分离的各种物质在两相中的分配系数、吸附能力等亲和能力的不同来进行分离的，气相色谱仪常可用来测量分析 CH_4、N_2O、CO_2 等气体的浓度。

本实验对处于淹水生长期的盆栽水稻温室气体排放通量进行测定。

（三）实验仪器与材料

1. 实验器具

（1）水稻盆栽装置及与盆相配的自制PVC板密闭罩式箱体。闭罩式箱体体积为39cm×39cm×50cm，箱体顶端设置三通阀采气孔，并连接一钢管至采样箱中部，内壁置一温度计传感器以观测箱内温度。采样时将密闭罩箱体置于盆栽装置上方，用绷带固定，使箱内空气不与外界交换。

（2）100mL气体取样及注射器，标准气体样品储存袋（内面覆铝箔）。

（3）气相色谱仪。

（4）水稻栽培工具。

2. 实验药品与材料

水稻栽培施肥土壤、育好水稻秧苗。

（四）实验内容与步骤

1. 水稻秧苗移栽

水稻栽培季节，从施肥后水稻田挖取土壤，风干过20目筛，装入水稻栽培装置，将已经培育好可正常栽培的水稻秧苗移入栽培土壤，蒸馏水作为灌溉水每天浇入，使栽培装置中水位维持在土壤表面0～5cm之间，土壤处于淹水状态，设置3个重复，实验在日光温室中进行。

2. 温室气体取样

水稻秧苗移栽正常生长（移栽10天后），将密闭PVC箱体置于栽培装置上方，用绷带固定，使箱内空气不与外界交换，形成密闭环境，然后在0、10min、20min、30min，用100mL的取样针筒采集箱内气体60mL，采集气体注射入标准气体样品袋备测。采样一般在每天9：00～11：00进行，在采样的同时记录箱内温度，采样结束，将密闭箱体移开，维持水稻正常生长。连续采集7天的气体样品，分别测定其中的 CH_4、N_2O 浓度。

3. 气体测定

气体样品采用气相色谱测定，色谱分析柱为1/8in（1in=0.0254m）的P. Q（80～100目）填充柱，分离时柱温为55℃；CH_4 检测使用氢火焰离子检测器

(FID)，FID工作温度为200℃；N_2O的检测使用微电子捕获检测器（μECD），μECD的工作温度为330℃；载气为高纯氮和高纯氢。

4. 实验数据处理

(1) CH_4和N_2O浓度变化率计算　将每天测得4个CH_4和N_2O浓度随时间作图，然后进行线性回归，分别求出CH_4和N_2O浓度随时间变化速率dc/dt［$mL/(m^3 \cdot h)$］。

(2) 根据浓度随时间的变化速率计算盆栽稻田土壤每天CH_4和N_2O释放通量。计算公式为：

$$F = \rho \times H \times \frac{dc}{dt} \times \frac{273}{273+T} \times t$$

式中　F——排放量，$mg/(m^2 \cdot h)$；

ρ——CH_4和N_2O在标准状态下的密度，其值分别是$0.714kg/m^3$、$1.25kg/m^3$；

H——采样箱高度，m；

dc/dt——采样过程中箱内CH_4和N_2O浓度变化率，$mL/(m^3 \cdot h)$；

T——采样箱内的平均温度，℃；

t——采样密闭时间，h。

（五）实验结果与分析

(1) 以时间为横坐标，CH_4和N_2O排放通量为纵坐标，作CH_4和N_2O排放通量随时间变化图。

(2) 根据CH_4和N_2O排放通量变化图分析所研究稻田土壤温室气体排放特点。

（六）注意事项

(1) 密闭箱罩在盆栽装置时，要确保与外界空气隔绝，接缝处不能很好密闭，可另外设计水封槽，利用水封封闭。

(2) 采样后气体应尽快测定，不要在样品储存袋中封存太久。

实验八　有机污染物在土壤植物之间的迁移

由于农药、农膜广泛使用，致使较多有机污染物残留在土壤中，这些有机污染物在土壤中有着多种迁移转化，备受关注的途径是植物的吸收富集以及对植物生长的影响，与农产品安全生产密切相关。

（一）实验目的

(1) 了解土壤有机污染物向植物体迁移的途径。

(2) 掌握污染物在土壤植物之间迁移转化分析方法。

(3) 熟悉有机污染物测定的气相色谱法。

（二）实验原理

土壤污染物主要通过根系吸收进入植物体，有些污染物进入植物体后主要积累在根部，而有些则会继续向地上部茎叶甚至果实迁移积累，具体迁移途径决定于有机物和植物的类型。

邻苯二甲酸酯类化合物（Phthalic Acid Ester，PAEs）是一类目前工业生产中广泛使用的化学品，主要作为改性添加剂应用到聚丙烯（Polypropylene，PP）、聚氯乙烯（Polyvinyl Chloride，PVC）、聚乙烯（Polyethylene，PE）、聚苯乙烯（Polyvinyl Benzene，PS）等塑料制品的加工生产中以增大产品的可塑性，提高产品强度。随着塑料制品的广泛应用与发展，这类有机化合物已大量进入环境，广泛存在于空气、水体、土壤中。一些邻苯二甲酸酯化合物具有拟雌激素效应，能够影响人类及其他动物的生殖健康，导致生殖器官、生殖机能和生殖行为的异常。已有研究表明，其可以被农作物吸收积累。本实验以其和玉米为实验对象，探讨邻苯二甲酸酯在植物体内的累积效应和在土壤的残留作用，分析邻苯二甲酸酯的植物迁移富集能力和对植物生长发育的影响，并展示如何对有机污染物在土壤植物之间的迁移进行研究试验。

（三）实验仪器与材料

1. 实验仪器与设备

（1）气相色谱仪、分析天平、氮吹仪、旋转蒸发仪、通风橱、干燥箱、离心机等有机物分析测定仪器设备。

（2）玻璃离心管、平底烧瓶、梨形瓶、玻璃层析柱（30cm 长、1cm 直径）、棕色样品瓶等玻璃器皿。

（3）玉米育苗板、栽培盆：底部内径为 200mm，上部内径为 270mm，高为 170mm 的瓷盆。

2. 实验药品与材料

（1）玉米种子、土壤（农田耕作层，风干、磨碎后过 5.0mm 筛备用，配置污染土所需土样过 1.0mm 铜筛）。

（2）有机溶剂：二氯甲烷、丙酮、石油醚。

（3）PAEs 标准溶液：色谱纯，包括欧盟 6 种邻苯二甲酸酯混标（DEHP、DBP、BBP、DINP、DNOP、DIDP），500mg/L 溶于二氯甲烷。

（4）PAEs 普通溶液：用于配置含 PAEs 的污染土，包括邻苯二甲酸正二丁酯（DBP）和邻苯二甲酸二（2-乙基己基）酯（DEHP），分析纯。

（5）硅胶：100～180 目。依次用二氯甲烷和甲醇进行索氏抽提各 12h 后，置于 130～140℃下烘 4h，保存备用。

（6）三氧化铝（分析纯）：放在马福炉内于 250℃烘 12h，冷却后保存备用。

（7）无水硫酸钠（分析纯）：于马福炉内于 250℃烘 4h，保存备用。

（8）滤纸、脱脂棉：依次用二氯甲烷和甲醇进行索氏抽提各 12h 后烘干备用。

（四）实验内容与步骤

1. 污染土壤的配制

各称取 DBP 和 DEHP 0.2mg 溶于 1L 丙酮溶剂中，配成丙酮溶液。取约 20kg 土壤，堆置约 10cm 厚，将上述 PAEs 丙酮溶液添加到上部 2cm 土壤层中，混匀，配得 PAEs 污染土。将 PAEs 污染土壤放在阴凉处，让丙酮自然挥发。然后将未污染土壤（8cm）与 PAEs 污染土壤混合均匀。

2. 污染土壤装盆备用

每盆用土 5kg，配制 3 盆。所用化肥为尿素、过磷酸钙和氯化钾（均为分析纯），施用量分别为氮 0.20g/kg 土、磷 0.15g/kg 土和钾 0.20g/kg 土。将上述污染土壤与化肥混合均匀后装盆，再用去离子水将土浇至田间持水量，土干后（5 天）将其倒出粉碎混匀再装盆。

3. 育苗、移栽

将经挑选的、均匀的玉米种子用 0.1%氯化汞消毒清洗后，播种到育苗板上。10 天后移苗，每盆种植 4 株玉米。盆栽过程中用去离子水浇灌，严禁使用农药。

4. 样品采集与制备

盆栽 30 日后采收玉米，用不锈钢剪刀从土表面将植株剪断，分地上部（茎叶）和地下部（根系）测定。同时将盆栽土壤混合均匀后，随机采集土壤约 500g，4℃保存。其中玉米地上部样品立即用去离子水轻轻清洗表面灰尘；地下部（根系）用自来水冲洗干净后，再用去离子水清洗 2～3 次。植物样品于 50℃烘干后粉碎备测；土壤样品分析前将其自然风干后粉碎过筛（1mm）备测。

5. 样品的前处理

土壤、玉米茎叶和根系样品 PAEs 化合物的测定采用超声抽提-气相色谱仪（GC）检测方法分析，预处理流程如下：首先称取 10g 土壤或 5g 蔬菜样品（要剪成 1mm 大小），放入 150mL 具塞三角瓶，加入代用标准化合物，加入 30mL CH_2Cl_2，超声提取 10min，然后在 4000r/min 离心机上离心 5min，将上清液转移出，剩余固体残渣再次重复上述步骤，共 3 次，合并 3 次获得上清液，然后采用旋转蒸发仪浓缩至 5mL 左右，采用三氧化二铝（2cm）-硅胶（10cm）-无水硫酸钠（3cm）玻璃层析柱净化分离，并用约 40mL 的 CH_2Cl_2 进行洗脱。洗脱液用旋转蒸发仪浓缩至<0.5mL 转移至棕色样品瓶（2.0mL）。气相色谱（GC）分析前，用氮仪吹干后，用二氯甲烷（色谱纯）定容至 1mL，再上机测定。

6. 提取液的仪器分析

样品中 DBP 和 DEHP 采用气相色谱（GC）分析。GC 分析条件如下所述。

（1）GC型号：Angilent 7890；检测器为氢火焰离子化检测器（FID）。

（2）毛细管色谱柱：HP-5MS 30m×0.25mm×0.25μm（长×直径×膜厚）。

（3）升温程序：100℃（停留2min）⟶12℃/min 220℃⟶10℃/min 280℃（停留5min）。

（4）不分流进样，进样量为1.0μL。

（5）载气采用高纯氦气。

（6）进样口温度为250℃。

（7）检测器温度为280℃。

PAEs标准曲线的配置：PAEs分析标准品采用欧盟六种PAEs混合标准品，原液浓度为500mg/L，转移到2mL的棕色细胞瓶内置于4℃冰箱内保存待用。分析前，用二氯甲烷稀释，配制成0.5μg/mL、1.0μg/mL、2.0μg/mL、5.0μg/mL、10μg/mL、20μg/mL、50μg/mL的标准溶液，用聚四氟乙烯密封带密封，作为PAEs的工作标液。采用外标法定量。

（五）结果计算与分析

1. 土壤中PAEs的消失率

土壤中有机污染物可通过植物吸收、生物或非生物降解、挥发、淋溶等途径消失。与初始含量相比，盆栽植物后土壤中PAEs含量均有不同程度的降低。根据盆栽植物时土壤的初始PAEs含量（C_0）与盆栽植物后土壤中残留PAEs的含量（C_t），计算土壤中PAEs的消失率，其表达式为：

$$消失率(\%)\frac{C_0-C_t}{C_0}\times 100\%$$

2. 玉米吸收积累对NP消失的贡献率

玉米吸收累积对NP消失的贡献率，是指玉米茎叶和根系对PAEs的吸收量（C）与盆栽植物后土壤中PAEs消失量（C_n）之比值。贡献率越大，表明植物对土壤中的PAEs吸收累积能力越强。

$$贡献率(\%)=\frac{C}{C_n}\times 100\%$$

3. PAEs的迁移系数

玉米植物体中PAEs的迁移系数是指PAEs在玉米茎叶中的含量与块根中的含量之比值。迁移系数越大，表明PAEs从块根向茎叶迁移能力越强。

$$迁移系数=\frac{茎叶中\ PAEs\ 含量}{根系中\ PAEs\ 含量}$$

4. 生物富集系数

生物富集系数是描述化学物质在生物体内累积趋势之重要指标。蔬菜对

PAEs富集作用采用生物富集系数（Bioconcentration Factors，BCF）表示，它等于生物体中污染物的浓度与污染物在环境中的浓度之比。本实验的生物富集系数用玉米茎叶（或根系）中PAEs的含量与盆栽后土壤中的PAEs含量之比表示。

$$生物富集系数=\frac{茎叶或块根中\ PAEs\ 含量}{盆栽后土壤中\ PAEs\ 含量}$$

（六）注意事项

由于邻苯二甲酸酯类化合物广泛存在于塑料制品中，因此实验过程，特别是分析测定过程尽量避免使用塑料制品，以免影响测定结果。

第六章　污染物与土壤微生物相互作用

实验一　有机氯农药对土壤微生物多样性的影响

有机氯农药中的六六六和DDT（滴滴涕），是历史上最早大规模使用过的高残毒农药，使用时间长，用量大，虽然经过近年的自然降解，但土壤环境中的残留量仍十分可观。中国是从20世纪50年代开始使用有机氯农药，于1983年全面禁止生产和使用。中国共生产HCHs 490×10^4 t，DDTs 40×10^4 t，分别占全球总产量的33%和20%。同时，我国的大型国有农化企业普遍经历过“有机氯时代”，生产过大量六六六（HCH）、滴滴涕（DDTs）等持久性有机污染物（POPs）类有机氯农药产品，因此，有机氯农药也是我国农药化工污染场地土壤中常见的污染物。

为评估有机氯农药污染土壤的环境风险，除了化学检测分析方法外，生物诊断也是一种重要的手段。土壤微生物群落多样性对土壤化学特性的变化非常敏感，可作为衡量土壤质量及评价土壤生态系统可持续性的重要生物学指标。土壤微生物多样性一般包括微生物分类群的多样性、遗传（基因）多样性、生态特征多样性和功能多样性。由于土壤微生物的复杂性、土壤本身的多变性和研究方法不完善等原因的限制，以往人们对土壤微生物多样性的研究与动植物相比远远落后。随着多聚酶链式反应（PCR）、核酸测序等现代生物学分子生物学技术的迅速发展，人们对土壤微生物多样性有了更多的了解；高通量测序技术的发展则为研究土壤宏基因组提供了大量数据，为直接探究土壤中的微生物群落结构提供了客观而全面的信息。

（一）实验目的

（1）掌握BIOLOG方法测定微生物功能多样性的原理和方法。

（2）了解高通量技术测定土壤微生物的遗传多样性的原理和方法。

（二）实验原理

BIOLOG方法测定微生物功能多样性的原理。

BIOLOG方法基于微生物群落对碳源的利用程度的不同描述微生物功能的变化。BIOLOG Micro Plate是96孔板，其中95孔中含有不同的单一碳源和四唑染料，及1个空白对照孔。土壤微生物菌悬液接种到微孔中后，微生物利用单一碳源发生氧化还原作用而产生电子转移，四唑染料捕获电子变为紫色，紫色深浅表示底物的利用程度。1991年，Garland和Mills首次利用Biolog微孔板测定微生物的功能多样性的变化。常见的 Biolog 微平板法有 Biolog-ECO 和 Biolog-GN 两种类型。Biolog-ECO 由 31 种碳源组成（其中，6 种氨基酸、7 种糖类、9 种羧酸、4 种聚合物、2 种胺类、3 种其他物质），这些底物模拟根系分泌物的组成成分，因此更适合于模拟实际情况下，微生物功能多样性的研究。

（三）实验仪器与材料

供试土壤：从不同地方采集有机氯污染土壤，比如农药化工厂退役场地。

（四）实验内容与步骤

1. 土壤稀释液的制备

（1）称取 KH_2PO_4 2.65g、K_2HPO_4 6.962g，加超纯水至 1L，调 pH 值至 7.0，即得到 0.05mol/L 磷酸缓冲液，121℃灭菌 20min，备用。

（2）称取相当于 10g 烘干重的新鲜土壤于已灭菌的三角瓶中，加 90mL 灭菌的 0.05mol/L 磷酸缓冲液，盖橡皮塞封口，于 25℃、200r/min 条件下黑暗振荡 60min。

（3）将土壤悬浮液在超净工作台上静置 10min，使大的土壤颗粒沉淀下来，取 1mL 悬浮液转入含有 9mL 灭菌的 0.05mol/L 磷酸缓冲液，得到 10^{-2} 的土壤稀释液，然后再次稀释制备 10^{-3} 的土壤稀释液。

2. ELISA 反应

（1）将 Biolog-ECO 微孔板从冰箱中取出，室温下预热到 25℃。

（2）将 10^{-3} 的土壤稀释液在超净工作台上倒入已灭菌的 V 形槽中，使用 8 通道移液器从 V 形槽中吸取土壤稀释液，向 Biolog-ECO 微孔板的每个微孔中注入 150μL 的稀释液，每个处理设置 3 个重复，即每个土壤样品使用一个 Biolog-ECO 微孔板，因为该微孔板上自带 3 个重复。

（3）将接种好的微孔板放在保湿的容器中，并放入 25℃的恒温培养箱中。分别于 24h、36h、48h、72h、96h、120h、144h、168h 在 ELxS08-Biolog 微孔板读数仪（Bio-Tek Instruments Inc，USA）上进行测定，测定波长分别为 590nm（颜色＋浊度）和 750nm（浊度）。

（五）实验结果与分析

1. 微生物总体活性指标

土壤微生物总体活性指标采用微孔板的每孔颜色平均变化率（Average well color development，AWCD）来描述，可以评价土壤微生物群落对碳源利用的总能力。其计算方法如下：

$$\mathrm{AWCD}=\frac{\sum(A_i-A_1)}{31}$$

式中　A_i——每个碳源孔的两波段光密度差值；

A_1——对照孔的光密度值；当（A_i-A_1）为负值时，则按0计算。

2. 土壤微生物碳源利用的多样性

利用土壤微生物群落Biolog-ECO微孔板培养72h的数据，计算Shannon、Simpson和Mcintosh三种多样性指数，分别评估土壤微生物群落中物种的丰富度、最常见物种的优势度和物种的均一性。

$$\text{Shannon 指数 } H': H' = -\sum P_i \cdot \ln(P_i)$$

$$\text{Simpson 指数 } D: D = 1-\sum(P_i)^2$$

$$\text{Mcintosh 指数 } U: U = \sqrt{\sum n_i^2}$$

$$\text{Mcintosh 均匀度 } E: E = \frac{N-U}{N-N/\sqrt{S}}$$

式中　P_i——第 i 孔的相对吸光值与整个平板相对吸光值总和的比率；

n_i——第 i 孔的相对吸光度值（A_i-A_1）；

N——相对吸光值的总和；

S——发生颜色变化的孔的数目。

实验二　有机磷农药对土壤酶活性的影响

农药进入土壤后，相当一部分以农药本身或分解产物的形式残留在土壤中，其化学特性可能对土壤生物活动产生影响，进而改变土壤生态环境功能，导致土壤环境质量下降，评估农药的生态安全对于保护土壤生态环境功能的正常发挥具有重要的意义。

土壤酶活性可以反映土壤生态环境功能，通常对外来干扰非常敏感。农药对土壤酶的影响，已成为不少国家评价农药生态安全的一个重要指标。

（一）实验目的

（1）了解农药对土壤酶的作用效应。

（2）掌握农药对土壤酶活性影响的实验及分析方法。

（3）进一步熟悉土壤酶活性测定方法。

（二）实验原理

农药对土壤酶活性的影响既可以直接抑制或激活土壤酶活性，也可通过改变植物根的功能和土壤生物组成的结构来对土壤酶的含量与活性产生影响。

土壤酶包括蔗糖酶、脲酶、过氧化氧酶、脱氢酶、磷酸酶、蛋白酶，不同的酶与具体的物质循环途径密切相关，如蔗糖酶主要影响有机物糖类的生物代谢，脲酶则涉及氨的迁移转化等。具体使用哪种酶进行评价，要依据农药的化学特性来定。本实验探讨有机磷农药对土壤酶活性的影响，选择可能受其影响的酸性磷酸酶和过氧化氢酶的活性来评价其对土壤生态功能的影响。

（三）实验仪器与材料

1. 实验仪器

721 分光光度计、水浴锅、恒温振荡器等、比色皿、三角瓶、容量瓶、漏斗、滤纸等。

2. 化学溶液

（1）0.3%过氧化氢溶液：将 10mL 30%的过氧化氢用水稀释至 1L，此溶液不稳定，需临时配置。

（2）1.5mol/L 硫酸：8.4mL 浓硫酸溶于水，再用蒸馏水稀释至 100mL。

（3）0.002mol/L $KMnO_4$：称取化学纯高锰酸钾 0.3161g，溶于 1L 蒸馏水中，储于棕色瓶中，备用。如果知道酶活性很高的话，可以适当变化高锰酸钾浓度。

（4）甲苯。

（5）苯磷酸二钠溶液：将 6.75g 苯磷酸二钠溶液（$C_6H_5PO_4Na_2 \cdot 2H_2O$）溶于水，并稀释至 1000mL（1mL 含 25mg 酚）。

（6）乙酸盐缓冲液（pH＝5.0）：称取 136g 乙酸钠（$C_2H_3O_2Na$）溶于 700mL 去离子水，用乙酸调节至 pH＝5.0，用去离子水稀释至 1000mL。

（7）柠檬酸盐缓冲液（pH＝7.0）：称取 300g 柠檬酸钾（$C_6H_5O_7K_3$）溶于 700mL 去离子水，用稀盐酸调节至 pH＝7.0，用去离子水稀释至 1000mL。

（8）硼酸盐缓冲液（pH＝9.6 与 pH＝10.0）：称取 12.404g 硼酸（H_3BO_3）溶于 700mL 去离子水，用稀 NaOH 溶液调节至 pH＝10.0，用去离子水稀释至 1000mL。

（9）Gibbs 试剂：将 200mg 2,6-双溴苯醌氯酰亚胺（$C_6H_2BrClNO$）溶于乙醇，并稀释至 100mL。

（10）标准溶液。①母液：1g 酚溶于蒸馏水中，并稀释至 1000mL，溶液保存在暗色瓶中。②工作液：10mL 溶液①稀释至 1000mL（1mL 含 10μg 酚）。

（11）草甘膦农药原药：草甘膦异丙胺盐（分析纯）。

3. 土壤

3 种，分别为多年耕作的蔬菜田土壤、水稻田土壤、玉米田表层土壤，风干，过筛。

（四）实验内容与步骤

1. 土壤染毒方法

（1）土壤预培养　3 种实验土壤各取 200g，分别装入棕色带盖小瓶中，用去离子水调节土壤湿度至 60%的田间持水量，置于培养箱中，在 25℃条件下预培养 7d，恢复土壤微生物及酶活性。

(2) 染毒处理　染毒量设定为1mg草甘膦/kg土壤，称量0.1mg草甘膦异丙胺盐溶于20mL水，配制成水溶液。

2. 步骤

每种经过预培养土壤分别取30g，草甘膦溶液均匀滴入此30g土壤中，立即混匀土壤，再取70g土壤混匀，装入新的棕色瓶，剩余100g土壤不染毒作为对照，称量每个棕色瓶的重量，然后将所有样品置于25℃的生化培养箱中黑暗培养，根据差量法，每2天补水以维持土壤中持水量的恒定。于染毒后的第7天、第14天、第21天、第28天分别取样进行过氧化氢酶、酸性磷酸酶活性实验检测。

(五) 实验结果与分析

(1) 过氧化氢酶活性影响　利用3种染毒土壤和对照的过氧化氢酶活性数据，以过氧化氢酶活性为纵坐标，时间为横坐标作柱状图，首先分析各样品中过氧化氢酶活性随时间变化的特点，然后比较各土壤样品染毒处理与对照之间的差异，分析农药草甘膦对过氧化氢酶活性影响的特点，活性比对照高表明是激活、比对照低则是抑制。

(2) 酸性磷酸酶影响　按照上述过氧化氢酶活性数据处理方式，对酸性磷酸酶数据进行处理，并分析草甘膦对不同土壤样品中酸性磷酸酶活性的影响。

(六) 注意事项

注意土壤采样时选取表层10cm的土壤，其中的微生物及酶活性最强。

实验三　有机氯农药污染土壤中DDT降解菌的筛选、分离与纯化

土壤中具有丰富的微生物组成，一些细菌在外来污染物的长期胁迫下会发展出相应的代谢机制对污染物进行降解，这已经成为有机污染土壤的重要修复机制。研究表明，长期受有机氯农药污染的土壤中，会发展出相应的降解菌，目前已经有假单胞菌、气杆菌、芽孢杆菌等十几种土壤细菌被发现具有对有机氯农药DDT的降解功能。并且，已经有分离纯化出的DDT降解菌作为菌剂应用于有机氯污染土壤的修复治理。

(一) 实验目的

(1) 了解DDT降解菌对DDT降解的过程机理。

(2) 掌握土壤有机污染物降解菌的筛选、分离和纯化法。

(二) 实验原理

DDT降解菌对DDT降解主要是还原脱氯生成DDD，脱氯化氧生成DDE，在无氧或厌氧条件下，DDT降解菌较易对DDT进行还原脱氯。一些DDT降解菌能够单独利用DDT为碳源进行分解利用，一些菌则需要有其他有机物作为共同碳源，进行共代谢对DDT降解，土壤有机质组分胡敏酸可以促进DDT降解菌对DDT降解。

本实验利用富含营养物的富集培养基和逐步增加的DDT浓度可以使土壤中的细菌逐渐被筛选，一些能够耐受DDT并对其降解的菌可以存活下来，利用分离纯化培养基可将这些菌分离纯化。

（三）实验仪器与材料

1. 实验仪器

高压灭菌锅，可控温振荡培养箱，DDT分析测定的气相色谱。

锥形瓶、试管、培养皿等玻璃仪器。

2. 培养基

（1）富集培养基：牛肉膏5.0g，蛋白胨10.0g，NaCl 10.0g，NaH_2PO_4 0.5g，Na_2HPO_4 1.5g，去离子水1L，调节pH=7.0，121℃高压灭菌30min。

（2）无机盐培养：$NaNO_3$ 4.0g，Na_2HPO_4 0.5g，$CaCl_2$ 0.01g，$FeCl_3$ 0.005g，KH_2PO_4 1.5g，去离子水1L，调pH=7.0，121℃高压灭菌30min。

（3）分离纯化培养基：$NaNO_3$ 4.0g，KH_2PO_4 1.5g，Na_2HPO_4 0.5g，$FeCl_3$ 0.005g，$CaCl_2$ 0.01g，牛肉膏0.5g，蛋白胨1.0g，去离子水1L，加入DDT使其浓度至10mg/L，8%琼脂粉，调pH=7.0，121℃高压灭菌30min。

（4）外加碳源的无机盐培养基：$NaNO_3$ 4.0g，Na_2HPO_4 0.5g，$FeCl_3$ 0.005g，$CaCl_2$ 0.01g，KH_2PO_4 1.5g，葡萄糖5g，去离子水1L，调pH=7.0，121℃高压灭菌30min。

（5）常年施用有机氯农药的农田土壤或有机氯农药厂排水沟附近土壤。

（四）实验内容与步骤

1. 土壤中DDT菌株的富集

在100mL富集培养基中加入10g土样，并添加DDT浓度为50mg/L，在30℃200r/min下振荡培养，7d后转接10%至DDT浓度为100mg/L新鲜富集培养基中，培养7d后，再转接2次，其中DDT浓度分别增加至150mg/L和200mg/L。

2. DDT菌株的驯化、分离

取上述最后富集的混合菌液10%转接到DDT浓度为200mg/L的无机盐培养基中进行驯化培养，其中以7d作为一个周期，重复转接1次，共2个周期；将驯化培养液稀释后，均匀涂于富集培养基平板上，挑取生长旺盛的菌落，并连续进行画线分离，直至分离出形态单一的菌落。

3. 高效降解DDT菌株筛选

挑取分离出的单菌落，接种于50mL富集培养基中进行，在30℃，200r/min条件下振荡培养24h，按8%的接种量取富集培养液，10000r/min高速离心10min，弃去上清液，用无菌水洗涤后用pH=7.2的酸盐缓冲溶液（取0.2mol/

L磷酸二氢钠溶液28mL和0.2mol/L磷酸氢二钠溶液72mL混合均匀即得）悬浮，接入外加碳源的无机盐培养基中，添加DDT浓度为200mg/L，30℃，200r/min振荡培养，每24h取一次样，测定DDT降解率，同时做不接菌空白对照。

（五）实验结果与分析

（1）描述平板培养基上驯化分离得到的单菌菌落形态。

（2）以时间为横坐标，DDT降解率为纵坐标，画出分离出的每个菌对DDT的降解曲线，并进行比较分析。

（六）注意事项

驯化分离平板培养基上菌落应多次画线分离，确保最后得到是形态单一的菌落。

第七章 农业废弃物处理与综合利用

实验一 禽畜粪便和秸秆好氧堆肥实验

随着规模化养殖业的迅猛发展，畜禽粪便大量产生，无论是堆放还是应用于施肥，都严重污染地表和生态环境，如寄生虫、病菌、臭气等。堆肥化处理是实现畜禽粪便无害化与资源化利用的有效途径，通过堆肥可以把畜禽粪便中的氮、磷、钾元素大部分转移到堆肥产品中，有利于培肥土壤，改善和提高土壤腐殖质组成，为作物生长提供营养物质。

好氧堆肥过程中，可溶性有机物首先透过微生物的细胞壁和膜，被微生物吸收，固体和胶体有机物则先附着在微生物体外，由微生物分泌胞外酶将其分解为可溶性物质，再渗入胞。微生物通过自代谢活动——氧化合成，将一部分有机物用于自身增殖，其余有机物则被氧化成简单的无机物，并放出能量。伴随这一过程，有机废物也发生各种物理、化学和生物化学变化，逐渐趋于稳定化和腐殖化，最终形成良好的有机复肥，实现畜禽粪便的农业利用价值。

（一）实验目的

(1) 了解禽畜粪便等农业废弃物堆肥及其氮损失与控制的机理。

(2) 掌握好氧堆肥物料配比等实验方法。

(3) 了解堆肥产品腐熟度检测的种子发芽法。

（二）实验原理

畜禽粪便的碳氮比普遍比较低，在 10 左右，含氮量相对较高，在物料中多数以有机氮的形态存在。主要包括蛋白质、氨基酸、单肽、几丁质等，而蛋白质等大分子物质不能直接被微生物吸收利用，必须先分解成氨基酸才能被菌体吸收。微生物在分解蛋白质时会产生一种脱氨酶，这种酶会促使各种氨基酸分解释放出氨。铵态氮经过硝化细菌转化为亚硝态氮、硝态氮固定于堆肥中。

堆肥过程中有机物分解带来的能量释放，使得物料温度逐渐升高，因此堆肥过程会经历升温、高温和降温 3 个阶段。升温阶段通常较短，可在几天至 1 周内完成，微生物对有机氮大量分解，导致铵态氮快速积累并提高 pH 值，而硝化细菌以中温菌为主，在高温阶段受到抑制，使得在堆肥初期铵态氮不能及时转化为硝态氮，在 50～70℃条件下，大量积累的铵态氮会以氨气的形式大量挥发，从而带来堆肥物料中氮的损失。为了避免堆肥过程中氮的大量损失，需要将堆肥物料的碳氮比提高到 25～30，添加有机碳含量较高的物料是一个有效的调节手段。

同样作为农业废物的秸秆等植物性材料含碳量较高，通常在40%以上，也需要进行资源化处理，因此可以作为碳氮比调节物料，和禽畜粪便一起堆肥。

好氧堆肥供氧方式可以通过动态翻堆或静态通风实现，翻堆通常是堆肥过程不断通过人力或机械翻动物料，让空气中氧气进入对堆料中满足微生物好氧分解有机物需要，静态通风则是堆料静止，使用鼓风机向堆体通入空气，分为间歇和连续。本实验采用连续通风方式。

（三）实验仪器与材料

1. 实验器具

堆肥装置堆，使用100L左右聚乙烯桶自行设计的堆肥桶，聚乙烯桶的底部接通风管，为使通风均匀，通风管上铺设碎石作为布气层，堆料在碎石层上堆置。通风管与鼓风机相连，通过阀门控制通风速率。鼓风机电源与时间控制器连接控制通风时间。装置如图7-1所示。

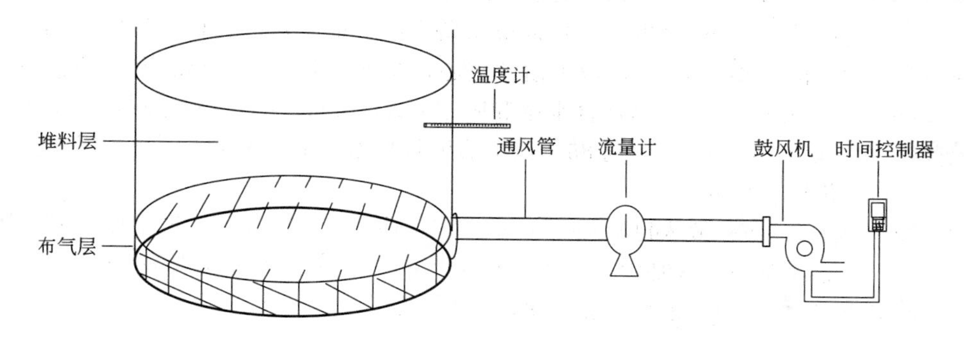

图7-1　通风堆肥装置

禽畜粪便和秸秆中总有机碳、总氮测定仪器设备（与土壤基本相同）、烘箱、恒温培养箱、离心机、铁锹等物料装卸工具、堆肥物料采集工具。

2. 实验药品与材料

土壤有机碳、总氮、含水率测定的实验药品；规模化养猪场风干的新鲜猪粪（含水率65%以下）、晒干的水稻或玉米秸秆（含水率65%以下）、玉米种子。

（四）实验内容与步骤

1. 堆肥材料配置

（1）分别测定猪粪和秸秆中总有机碳含量（C_1、C_2，g/kg）、总氮含量（N_1、N_2，g/kg）。并填写下述原料碳氮组成表（表7-1）。

（2）根据猪粪、秸秆中的有机碳、总氮和含水率特点，分别选取2种物料配置25kg碳氮比为25的堆肥原料，适当加入自来水调节含水率为65%，猪粪x和秸秆y的质量利用下式计算：

表 7-1 堆肥原料碳氮组成特点

	总有机碳	总氮	碳氮比	含水率
猪粪				
秸秆				

$$\frac{xC_1+yC_2}{xN_1+yN_2}=25$$
$$x+y=25\text{kg}$$

2. 堆肥过程与步骤

将堆肥物料装入堆肥桶内，开启鼓风机对物料进行通风，速率设定为 $0.06\text{m}^3/(\text{min}\cdot\text{m}^3)$，连续 24h 不间断通风，同时每天通过堆肥装置上的温度计监测堆料温度。每 7 天采集一次堆肥物料样品，采样时在堆体的上、中、下部各采 5 个点处的样品，将样品混合，用四分法留样品 50g。取 20g 样品溶于 100mL 蒸馏水中，搅拌并静置 30min，取上清液离心，将所得澄清离心液做种子发芽率试验，将剩余 30g 样品分别测定含水率和晾干测定总氮含量。堆料温度、总氮含量变化较稳定、种子发芽率达到 85%以上表明堆肥达到腐熟阶段，可停止堆肥。

3. 种子发芽率试验

将滤纸适当裁剪后放入已灭菌的 9cm 培养皿中，均匀放入 20 粒种子，吸取 5mL 的堆肥浸提液于培养皿中，以蒸馏水作对照，处理和对照做 3 次重复，在 25℃的恒温培养箱中培养 24h。最后测定种子发芽率和根长。

4. 实验数据处理

计算种子发芽率 GI 值。

GI(%)=处理平均发芽率×处理平均根长/(对照平均发芽率×对照平均根长)×100。

(五) 实验结果与分析

(1) 以时间为横坐标，温度、总氮含量、种子发芽率为纵坐标绘制堆肥过程中温度、总氮的变化曲线图。

(2) 根据上述变化曲线图分析堆肥过程中温度、总氮、种子发芽率的变化特点。

(六) 注意事项

(1) 堆肥物料浇入自来水时应均匀，保证所有物料含水率均匀一致。

(2) 堆肥物料采样后各指标尽快测定。

实验二 利用生物滤池对堆肥挥发气体进行脱臭处理

堆肥是禽畜粪便资源化利用的主要方式，但堆肥过程挥发出的臭气是制约禽畜粪便堆肥利用的重要影响因素。堆肥臭气主要组成包括氨气、硫醇等含硫恶臭化合物，主要是在堆肥过程中蛋白质、氨基酸等物质脱氨或脱羧作用产生。恶臭物质会对周边人群健康带来较大威胁，堆肥过程必须控制臭气的排放。

生物滤池是堆肥挥发出的氨气等臭气的主要去除方式，土壤、腐熟的堆料、活性炭、珍珠岩、木屑等具有吸附性且微生物可附着形成生物膜的材料都可以作为滤料，对氨、硫化氢等臭味气体进行吸附后分解转化。生物滤池处理技术的特点是生物和液相都是不流动的，而且只有一个反应器，气-液接触面积大、运行和启动容易，操作简单，运行费用低，适用范围广，不会产生二次污染，目前已经形成比较成熟的技术。

(一) 实验目的

(1) 了解生物滤池对堆肥挥发气体脱臭处理的机理。

(2) 掌握好氧机械通风堆肥气体的生物滤池除臭实验技术。

(3) 熟悉禽畜粪便好氧堆肥处理。

(二) 实验原理

畜禽粪便堆肥挥发气体中主要的臭味物质是 NH_3 和 H_2S 等气体，堆肥挥发气体被导入滤池后，其中臭味气体物质可以被滤池填料吸附，填料上附着的生物膜可以对这些物质进一步转化，NH_3 可以被氨氧化菌氧化为硝酸盐氮，H_2S 被硫黄细菌和硫化菌氧化为单质硫或硫酸盐，其他有机臭气则可被微生物好氧分解为 CO_2 等无机物，从而消除气体臭味。

可见，滤池对臭气的最终处理主要依靠微生物的分解转化，生物滤池的设计需要考虑为相关微生物生长提供所需条件，堆肥挥发气中往往缺乏微生物生长所需的磷、有机碳源等营养物质，这些营养物质或者通过滤料补充或者外加，混合物质的滤料如土壤、腐熟肥料等都含有微生物生长所需的营养物质，但对臭气物质的吸附性较差，而单一填料如活性炭、沸石等材料对臭气物质具有很强的吸附性，但缺乏微生物生长所需的其他营养物质，需要另外添加。具体选用哪种方式需要根据堆肥臭气的产生和组成特性而定。

本实验采用腐熟堆肥物料作为生物滤池填料，对禽畜粪便机械通风好氧堆肥产生的废气进行脱臭处理，主要去除的臭气物质是氨，腐熟堆肥物料中含有丰富的氨氧化菌将氨转化为硝酸盐氮或氨基酸蛋白质等有机氮储存在其中，同时起到增加腐熟物料氮肥含量效果。实验监测目标臭气位置为氨，挥发出氨利用硼酸吸收后测定其浓度。

(三) 实验仪器与材料

1. 实验器具

堆肥及生物滤池除臭装置，使用 100L 左右聚乙烯桶作为堆肥桶，聚乙烯桶的底部接通风管，通风管上铺设碎石作为布气层，堆料在碎石层上堆置。通风管与鼓风机相连，通过阀门控制通风速率。鼓风机电源与时间控制器连接控制通风时间。堆肥桶上部接导气管导出堆肥挥发气体，导气管上部连接生物滤池，生物滤池是由底部半径5cm、高40cm左右的PVC管制作，生物滤池最下层铺设碎石作为布气层，使挥发气体均匀通过滤池，上部充填滤料，滤池上部连接导气管，将处理后气体导入盛装有硼酸溶液的吸收瓶中。装置示意如图7-2所示。

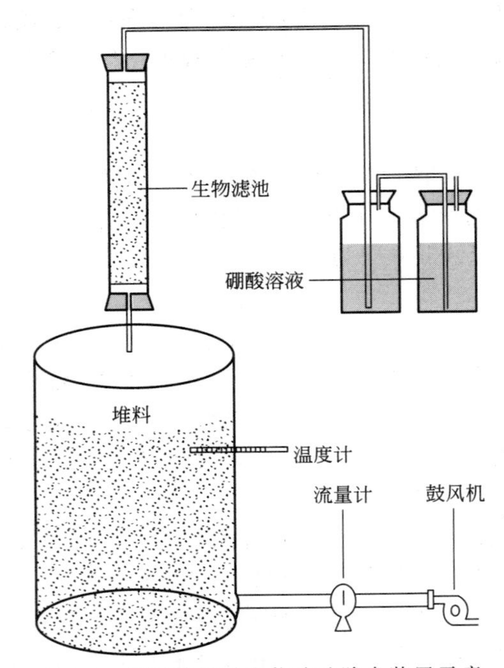

图7-2　通风堆肥及生物滤池除臭装置示意

另外设计一个不包括生物滤池处理的堆肥挥发氨的监测装置，作为处理效果的对照，如图7-3所示。

分光光度计、烘箱、试管、容量瓶等玻璃器皿。

铁锹等物料装卸工具、堆肥物料采集工具。

2. 实验药品与材料

20g/L的硼酸溶液、氨氮测定纳氏试剂法所需药品（具体参考灌溉水中无机氮磷测定实验的氨氮测定）。

规模化养猪场风干的新鲜猪粪（含水率65%以下）、晒干的水稻或玉米秸秆（含水率65%以下）、达到腐熟的禽畜粪便和秸秆混合堆肥的物料，粒径2cm左右的碎石。

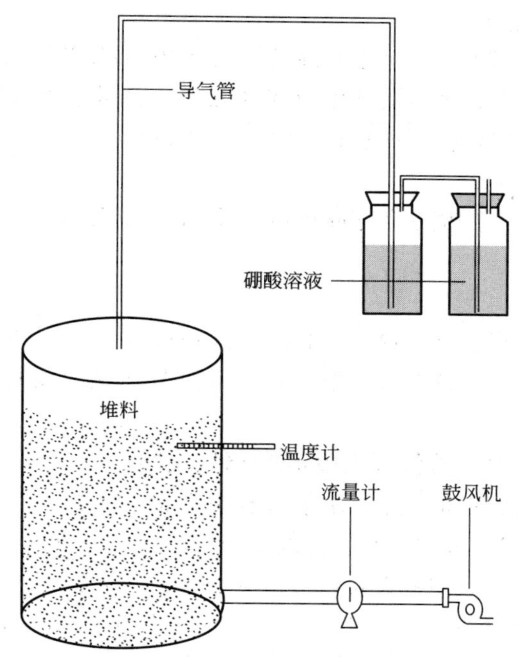

图 7-3　通风堆肥及挥发气中氨监测装置示意

（四）实验内容与步骤

1. 堆肥材料配置

（1）2 个装置堆肥桶下部先铺设 5～10cm 的碎石层。

（2）根据猪粪和秸秆中总有机碳含量、总氮含量，按碳氮比为 25 分别选取 2 种物料，配置 25kg 的堆肥原料，适当加入自来水调节含水率为 65%（具体参照：禽畜粪便和秸秆好氧堆肥实验），分别装填入上述 2 个装置的堆肥筒碎石层上部，接好通风管和导气管。

2. 生物滤池装填

滤池筒下部先铺设 5～10cm 的碎石层，上部充填 30cm 左右的腐熟堆肥物料作为填料，接好上下导气管。

3. 气体吸收

2 个吸收瓶中放入 1L 的硼酸溶液，连接好导气管。

4. 堆肥及臭气处理

开启 2 个装置鼓风机对物料进行通风，速率设定为 $0.06m^3/(min \cdot m^3)$，连续 24h 不间断通风，同时每天通过堆肥装置上的温度计监测堆料温度。堆料温度变化较稳定表明堆肥达到腐熟阶段，可停止堆肥。

5. 硼酸溶液氨的测定

堆肥结束后，定量测定2个装置硼酸吸收瓶中吸收液体积，然后分别吸取5mL样品，利用纳氏试剂法测定其中氨氮含量，并计算各自吸收的氨氮量，二者差值即可视为生物滤池对废挥发气体中氨的去除量。

（五）实验结果与分析

计算分析实验所用生物滤池对堆肥废气中氨的脱除效率，并讨论氨的去除机理。

（六）注意事项

吸收液硼酸用量应足够吸收挥发出氨，若不确定氨的产生量，可通过在硼酸溶液中加入甲基红-溴甲酚绿指示剂来指示，氨过量溶液会变色，可及时更换新的硼酸溶液。

实验三　秸秆和禽畜粪便厌氧发酵产沼气实验

种养殖业废弃物秸秆和禽畜粪便中含有丰富的有机物，是优良的生物质能源，通过厌氧发酵制沼气可实现其有机碳中能源的高效回收利用，沼气的主要成分是甲烷气体，每立方米甲烷气体能放9460kcal的热量，燃烧的温度最高可达1400℃。沼气完全燃烧时可放出5500～6500kcal的热量。据估算，秸秆直接燃烧的热量利用率为10%，转化为沼气的热能利用率为60%，能量利用效率极大提高。因此，厌氧发酵不仅消除这些农业固体废弃物带来的环境污染危害，而且提供较易利用的能源气体沼气，同时副产品沼液和沼渣可以作为不同形式肥料使用，已经成为农业固体废弃物资源化综合利用的重要途径。

（一）实验目的

（1）了解有机固体废弃物厌氧发酵的机理。

（2）掌握农业固体废弃物厌氧发酵产沼气实验技术。

（3）熟悉沼气的收集与测定方法。

（二）实验原理

厌氧发酵是在厌氧条件下有机物被多种微生物代谢，是一个复杂的、连续的微生物学过程，分三个阶段完成，分别是水解酸化、产氢产乙酸和产甲烷。在水解酸化阶段，微生物在酶的作用下将不溶的复杂有机物水解转化为可溶的物质。例如将不溶的纤维素利用纤维素酶分解转化为葡萄糖。再经过一系列的水解发酵转化成乙酸、丙酸、丁酸、戊酸、乳酸等挥发性有机酸及乙醇、二氧化碳、氢气等。在第二阶段，专性产氢产乙酸细菌将水解酸化阶段的挥发性有机酸转化为乙酸、氢气和二氧化碳；而同型产氢产乙酸菌可将二氧化碳和氢气转化为乙酸。在产甲烷阶段，产甲烷菌为主要微生物种群，甲烷的生成有两个途径：利用乙酸生成甲烷和二氧化碳；利用氢气和二氧化碳生成甲烷。

厌氧发酵过程微生物对温度非常敏感，适宜的、稳定的温度环境是厌氧发酵产沼气成功的一个重要因素。厌氧发酵温度分为常温、中温（30～40℃）、高温（50～60℃）。通常，35℃被认为是中温最适温度，55℃被认为是高温最适温度。中温和高温发酵没有很大的区别，最主要的不同在于甲烷气体每天的产量。适当温度范围内，温度越高，甲烷产率越高。多数家畜粪便厌氧发酵反应采用35℃作为反应温度，以减少发酵时间和反应器体积。由于加热反应器需要供应多余的能源，所以很少养殖场用高温厌氧发酵。本实验以禽畜粪便和秸秆混合物为原料，采用35℃恒温厌氧发酵产甲烷。

（三）实验仪器与材料

1. 实验器具

可控恒温厌氧发酵及沼气收集测定装置。如图7-4所示，采用1L带胶塞磨口玻璃瓶作为发酵罐，盛装发酵原料，发酵罐放置于可控温的恒温水浴槽中，保持温度恒定。发酵罐胶塞穿孔接入导气管将产生的沼气导出，另取带胶塞的磨口玻璃瓶作为沼气收集瓶，盛装入一定体积的水，发酵罐产生气体被导入水面上方的空气，该玻璃瓶胶塞上另设导水管，其一端直插入水底，另一端插入旁边刻度量筒中，发酵产生沼气导致收集瓶中水面上空气体积及压力增大，致使等体积水从导水管被压出进入量筒，发酵过程中不断读取量筒中水的体积即可获得产生的沼气体积。

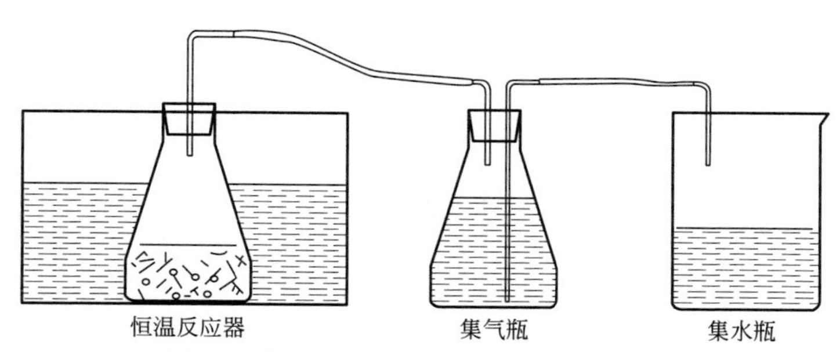

图7-4 恒温厌氧发酵及沼气收集测定装置

小铁铲等发酵物料装卸工具。

2. 实验药品与材料

规模化养猪场风干的新鲜猪粪（含水率65%以下）、风干粉碎的水稻或玉米秸秆（含水率65%以下），接种污泥：厌氧发酵池污泥。

（四）实验内容与步骤

1. 发酵材料配置

（1）秸秆预处理　0.25kg粉碎秸秆先用水泼湿，半天后按质量1∶1的比例将接种污泥和秸秆混合搅拌均匀，边泼洒边拌匀，然后放入适当（刚好充满）容器密封（上方无空气）保存3d。

（2）猪粪与秸秆混合　风干猪粪0.5kg与拌好的秸秆混合均匀，装入1L发酵罐。

2. 连接发酵及集气装置

发酵罐胶塞孔插入导气管，管口在发酵物料上方空气中，拧紧胶塞，1L集气瓶装入500mL水，并在水面所在处画出标线，导气管出口端通过集气瓶胶塞孔插入集气瓶水面上空，胶塞上另一孔插入导水管，管口插入到水底部，导水管出口接入集气瓶旁边空量筒。

3. 厌氧发酵及沼气收集测定

将水浴槽温度调到35℃，开始厌氧发酵，每天观察集气瓶水面下降情况，并记录量筒中排出水体积，记录后将其倒入带盖的塑料瓶等容器封存直至实验数据处理完成，实验直至集气瓶水面稳定不再下降，厌氧发酵结束，大概需要30～50d左右。所有排出水量即为厌氧发酵过程产生的沼气总量。

（五）实验结果与分析

（1）以每天产气（排水）量为纵坐标，时间为横坐标，画出发酵过程中产气量随时间的变化曲线，并分析实验过程中沼气的产生特点。

（2）计算利用总产气量和发酵物料量，计算单位物料的产气量。

（六）注意事项

（1）导气系统实验过程中要确保密封，实验前可通过吹入氮气检测导管和胶塞的密封性。

（2）实验过程持续时间较久，注意水浴槽中水的蒸发，及时补充避免被蒸发完，不但影响发酵过程，而且也会导致水浴槽损坏。

第三篇 研究创新性实验

第八章 农业废弃物厌氧发酵速率的影响因素研究

厌氧发酵产沼气是农业固体废弃物资源化综合利用的重要途径。但整个反应过程是由多种不同微生物分阶段完成的，各阶段微生物类群对环境条件、底物浓度等要求不同，特别是最后产甲烷阶段相关微生物类群对环境条件变化非常敏感，产甲烷活性较易受到抑制，从而导致整个过程产气效率下降，甚至完全停止，如何调控厌氧发酵速率稳定高效进行一直是有机废弃物厌氧发酵处理的研究热点。

（一）实验目的

（1）了解影响厌氧发酵的主要因素。

（2）掌握厌氧发酵产气速率调控因素的研究方法。

（3）熟悉厌氧发酵实验技术。

（二）实验原理

影响厌氧发酵速率的主要因素有 pH 值、温度、有机负荷和发酵原料组成。

pH 值是影响厌氧发酵的首要因素，不同的厌氧发酵阶段，微生物对 pH 值的要求不一样，在酸化阶段，由于挥发性脂肪酸的生成，pH 值会降低。而在甲烷化阶段，由于酸的消耗和氨的生成，pH 值升高，产甲烷菌对 pH 非常敏感，其最适 pH 值范围是 6.8～7.2。在厌氧发酵反应中，pH 值会先降低，然后升高，若产酸阶段反应过快，出现酸的积累，则 pH 值下降较多，抑制产甲烷菌活性，导致产气速率下降或停止，产酸反应速率与有机负荷相关，有机负荷过高则会导致产酸反应过快。

产甲烷菌对温度变化非常敏感。厌氧发酵温度分为常温、中温（30～40℃）、高温（50～60℃）。通常，35℃被认为是中温最适温度，55℃被认为是高温最适温度。保持温度恒定是厌氧发酵反应更为重要的条件，温度下降，生物活性下降，沼气产量下降。研究表明，当温度变化大于 1℃/d 时，厌氧发酵反应受到影响。只有当温度变化小于 0.5℃/d 才不会影响反应器运行。

有机负荷是指反应器对原料的容纳程度。如果有机负荷过高，反应器内 pH

值降低，微生物活性受到抑制，沼气产量随之减少。反之，如果有机负荷过低，虽然对原料废物的去除率升高，但是反应器效率降低，经济性减少。所以要针对不同的反应器工艺，研究最适合的有机负荷率，在达到废物处理标准的同时，尽量增大反应器的处理效率。

不同的原料种类对厌氧发酵反应也有很大的影响。原料种类不同，所含营养物质不同。有的原料比较容易培养厌氧发酵反应中的微生物，使得反应器启动较快，沼气产气量高。家畜粪便在家畜体内经过消化，因此更容易被微生物分解，培养多种厌氧发酵微生物群，更适合作为厌氧发酵的底物。但是家畜粪便中含有较高含量的氨，容易引起氨氮累积，抑制厌氧发酵反应，所以许多研究利用粪便和其他农作物废物混合发酵。

本实验主要针对温度和物料配比两个影响因素，研究探索其对厌氧发酵产气速率的影响。

（三）实验仪器与材料

1. 实验器具

可控恒温厌氧发酵及沼气收集测定装置6套（具体见：秸秆和禽畜粪便厌氧发酵产沼气实验）。

2. 实验药品与材料

规模化养猪场风干的新鲜猪粪（含水率65%以下）、风干粉碎的水稻或玉米秸秆（含水率65%以下），接种污泥为厌氧发酵池污泥。

（四）实验设计与过程

1. 实验条件设计

（1）温度的影响　设定2个发酵温度：35℃和55℃。2个温度发酵物料均为猪粪与秸秆质量比1∶1混合，每个温度处理3个重复。

物料量及装填：将1.5kg秸秆预处理后与1.5kg猪粪均匀混合，等分成6份，分别装入6个1L发酵罐，标好编号，1～3为35℃，4～6为55℃。

（2）物料配比的影响　发酵物料仍为猪粪与秸秆，设计2个不同质量配比：2∶1和3∶1，每个配比3个重复，温度均设定为35℃，温度影响实验部分质量配比为1∶1，因此整个实验共考察了3个物料配比。

物料配比2∶1装填量：将0.25kg秸秆预处理后与0.5kg猪粪均匀混合，等分成3份，分别装入3个1L发酵罐，标好编号。

物料配比3∶1装填量：将0.25kg秸秆预处理后与0.75kg猪粪均匀混合，等分成3份，分别装入3个1L发酵罐，标好编号。

2. 实验步骤

先进行温度影响实验，然后将发酵装置清洗后，进行物料配比影响实验。

3. 沼气收集测定

利用排水法测定各实验装置反应过程中每天产生的沼气量，并记录。

（五）实验结果与分析

1. 数据统计处理

每个影响因素水平的3个重复处理取平均值，并计算方差。

2. 分析温度的影响

首先画出2个温度条件下产气量随时间变化曲线，然后分析每个温度下沼气产生速率变化特点，包括总量、每天最高量和最低量，最大速率产生时间，然后两个温度进行对比，指出不同之处。

再利用总产气量和发酵物料量，计算每个温度下单位物料的产气量，并进行比较。

3. 物料配比影响

同样先画出3个物料配比情况下产气量随时间变化曲线，然后分析每个温度下沼气产生速率的变化特点，最后比较不同物料配比之间的不同，及产气速率与物料配比的变化特点。

第九章　重金属低积累农作物品种的筛选

随着工业的发展和农业生产的现代化，土壤-植物-环境系统中重金属污染问题日趋严重，重金属污染土壤后，不仅影响作物生长，而且进入食物链危害人畜健康。例如，香港浸会大学的学者对从广东进口的蔬菜进行重金属检测，结果发现80%的芥菜和小白菜Cd含量超过食品标准；对广东地区某大型蔬菜基地生产的蔬菜进行调查的结果表明，13.5%的蔬菜样品受到不同程度的重金属污染。这表明重金属对我国农产品的安全已构成严重威胁。因此，如何有效减少重金属在农作物中的富集和累积，从而保障农业安全生产已成为当前农业和环境科学交叉领域的研究热点之一。

当前，主要通过以下几条途径可以有效降低土壤重金属污染对人类健康的潜在威胁。一是采用物理化学和工程修复等手段来治理土壤重金属污染。在此背景下，尽管其治理效果好，但这些手段一般成本极高且容易造成二次污染，对土壤的干扰大，一般仅适用于修复小面积的严重重金属污染的土壤。植物修复技术被认为是绿色、廉价且对环境无干扰的原位修复技术，但其却因超积累植物生物量小且修复周期过长等缺点难以实际推广。鉴于我国实际国情，将大面积中轻度污染农田停止农作，进行长时间的植物修复或其他成本昂贵的工程修复显然是不现实的。二是通过筛选和培育具有低吸收、低积累土壤中重金属特征的农作物或作物品种，使其可食部位的重金属含量低于相关食品安全标准的最大允许值(MPC)，从而保证农产品的安全生产。

（一）实验目的

（1）了解农作物吸收、积累重金属的机理。

（2）掌握重金属低积累农作物品种筛选实验研究方法。

（3）进一步熟悉土壤、植物重金属含量分析方法。

（二）实验原理

不同基因型作物对重金属的吸收、累积水平差别较大，甚至同一种作物的不同品种间重金属吸收、累积能力也可能有较大差异。利用这些特点，我们可以筛选供食用器官重金属富集能力较弱（重金属含量不超过国家食品卫生有关标准）、但生长和产量不受影响的农作物种类或品种，并在中、轻度重金属污染土壤中种植，可以达到农田重金属污染的治理目标，同时抑制其进入食物链，有效降低农产品的重金属污染风险。玉米作为我国主要的粮食作物，种植面积广、生物量大且产量高，除了直接食用外，其茎叶部还可作为畜牧业和工业原材料。因此，筛选镉低累积、高产量和高质量的玉米品种具有现实意义。

理想的重金属低累积作物应同时具备以下特征：①该植物的地上部和根部重金属含量均很低或者可食部位重金属含量低于有关标准；②该植物对重金属的累积量小于土壤中该重金属的浓度，即富集系数＜1；③该植物从其他部位向可食部位转运重金属能力较差，即转运系数＜1；④该植物对重金属毒害具有较高的耐受性，在较高浓度重金属污染下能够正常生长，且生物量无明显下降。

（三）试验材料

1. 供试玉米品种

在华南地区可以选择：甜玉米品（丰田 1 号、超甜 38、华宝 1 号、粤糯 1 号等）和饲料玉米（灵丹 20、正丹 958、蠡玉 6 号、高优 1 号等）。

在西南地区可以选择：川单 189、东单 80、雅玉 889、成单 30、中单 808、桂单 0810、荃玉 9 号、云瑞 88、苏玉 30 等。

北方地区可以选择：吉单 27、辽单 565、兴垦 3 号、农华 101、京科 968、龙单 59、利民 33、德美亚 1 号、京科糯 2000、KWS2564 等。

黄淮海地区可以选择：郑单 958、浚单 20、鲁单 981、金海 5 号、中科 11 号、蠡玉 16、中单 909、登海 605、伟科 702、京单 58、苏玉 29、良玉 88 等。

2. 供试土壤

根据就近原则，采集镉污染土壤（比如受铅锌矿废水污染的农田土壤、市郊受污染的土壤）；如果不方便采集到镉污染土壤，可以采集未污染的农业土壤，人为添加低、中、高污染水平的镉，使土壤镉含量分别为 0.5mg/kg、1mg/kg、5mg/kg。

3. 其他材料

塑料花盆、尺子、信封、天平、烘箱、原子吸收光谱仪、消煮炉、消煮管、容量瓶等。

（四）试验设计

1. 盆栽实验

供试土壤经自然风干后，捣碎、剔除杂物后过 5mm 的筛后拌匀。称取风干土壤 2kg，装入 15cm×15cm 瓷花盆中，每个处理设 3 个重复。

每盆播 3 粒玉米种子，玉米长出 3 片叶时进行间苗，每盆只留 1 株。植物生长期间进行常规的水分管理，期间杀虫害，定期观察并记录其生长状况。

2. 取样与样品分析

玉米成熟期进行采样。样品分为根、茎叶和籽粒三部分，清水洗净后再用去离子水冲洗，记录株高、根长、鲜重等生长指标，在 105℃ 烘箱中杀青 30min，再调至 60℃烘，直到样品完全烘干，用不锈钢粉碎机粉碎，过 100 目筛。

样品采用混合酸 HNO_3+HClO_4（4：1）消解制备成待测液，采用火焰原子吸收分光光度法测定。

（五）实验结果与分析

数据分析如下所述。

性状变化率（%）=处理值－对照值/对照值×100%（包括株高、根长、生物量变化率）；

综合响应指数（%）为所有性状变化率之和；

相对产量=处理下产量/对照产量；

富集系数（BF）=植物地上部镉含量/土壤镉含量；

转运系数（BF）=植物地上部镉含量/根系镉含量。

利用上述参数比较实验各品种玉米对镉的积累特性，筛选出低积累品种。

利用上述参数和查询资料尝试解释低积累品种的阻止镉进入体内的机制。

第十章　硝化抑制剂对土壤氮素淋失的作用

氮肥在提高农作物产量方面具有重要的作用，但是施入农田中的氮肥，被作物利用的仅30%～40%，其余的则通过氨挥发、硝化-反硝化、渗漏和径流等多种途径损失，不但造成浪费也会导致地表水体富营养化等环境污染问题，已日益受到人们的广泛关注。硝态氮是农田最易淋失的主要氮形态，控制或延缓铵态氮向硝态氮的转化有助于减少土壤氮素向水体的迁移。施用硝化抑制剂是延缓铵态氮向硝态氮转化，提高氮素利用率，减少淋失的重要对策之一。

硝化抑制剂的研究始于20世纪50年代中期，美国最早开展了这方面的研究，历经半个世纪的筛选和试验，已开发出包括重金属盐、杂环化合物、叠氮化合物、胺类、乙炔等多种类型的硝化抑制剂。每种硝化抑制剂的作用受土壤耕作条件的影响，研究其在不同条件下的作用效果对于硝化抑制剂的实际应用具有重要的指导意义。

（一）实验目的

（1）了解硝化抑制剂作用原理。

（2）比较分析2种硝化抑制剂在不同土壤栽培条件下的作用效果。

（3）进一步熟悉土壤氮磷淋溶的试验方法。

（二）硝化抑制剂作用机理

硝化抑制剂抑制硝化作用的机理是通过抑制亚硝化单胞菌属（*Nitrosomonas*）活性，从而抑制硝化作用的第1步反应（NH_4^+氧化为NO_2^--N），延长了施入的氮源以NH_4^+-N形态存在的时间，使其能较长时间供作物吸收、利用，减少NO_2^-和NO_3^-的淋溶和反硝化造成的氮肥损失。硝化抑制剂可通过以下4种途径对亚硝化作用进行抑制：

① 抑制硝化菌生长；

② 抑制硝化菌呼吸作用和细胞色素氧化酶的功能；

③ 螯合硝化作用所需金属离子；

④ 在土壤微环境中产生酸，释放出毒性产物，如砜、亚砜等物质。

本实验采用两种硝化抑制剂3,4-二甲基磷酸吡唑（DMPP）和双氰胺（DCD），主要是抑制亚硝化菌的呼吸作用，阻碍氨的氧化。

（三）实验仪器与材料

1. 实验器具

蔬菜栽培试验的盆栽装置（底部带有排水孔的塑料花盆）、量筒、pH计。

土壤总氮、硝酸盐氮、水的 pH 值、氨氮、硝态氮分析测定装置。

2. 实验药品

硝化抑制剂：3，4-二甲基磷酸吡唑（DMPP）、双氰胺（DCD）。

土壤总氮、硝酸盐氮、水的 pH 值、氨氮、硝态氮分析测定实验药品。

化肥尿素、尼龙布、风干菜园土壤（多年耕作）、蔬菜作物菜心种子。

（四）实验内容与步骤

1. 实验土壤设置与处理

根据尿素含氮量，按 150mg N/kg 土壤的比例向实验用菜园土施入尿素，然后将试验分 2 组，一组为种植菜心，一组为不种植植物。每组分为 3 个处理。

（1）添加 3，4-二甲基磷酸吡唑（DMPP），添加量 1.5mg/kg 土壤（添加量为土壤化肥氮量的 1%），称为 DMPP 处理；

（2）添加双氰胺（DCD），添加量 1.5mg/kg 土壤（添加量为土壤化肥氮量的 1%），称为 DCD 处理；

（3）不添加硝化抑制剂的对照，称为 CK。

每个处理 3 个重复。按上述设置配置相应处理的土壤。塑料盆底部铺一层细密（200 目）的尼龙布，每种处理称取 750g，分别装入塑料花盆中，在每个花盆底部套一个塑料杯，以接渗漏液。配置相同的两组。

2. 淋溶

（1）菜心种植组，在将经过消毒处理的菜心种子播种于每个处理盆中。待幼苗长到 3 片真叶时间苗，根据植株大小和长势，每盆最后定苗为 10 株。试验期间，用称重法维持土壤含水量在 80%田间持水量。菜心定植后，每盆每 7 天用 500mL 蒸馏水淋洗，淋洗液用 500mL 塑料烧杯盛接，待不再有滤液流出时，读取淋滤液体积，并随即进行各项指标的测定。共进行 8 次淋洗。然后收获各处理盆中菜心，将根部土壤清理干净。

（2）无植物种植组，该组装盆后各处理，除不种植菜心外，其他的浇水、淋溶过程均与菜心组相同。

3. 氮磷等指标测定

（1）种植组和无植物组各处理的土壤，四分法取样测定其中全氮、硝酸盐氮含量。

（2）种植组和无植物组各处理的每次淋溶液，测定其中氨氮、硝酸盐氮、pH。

（3）种植组各处理中收获的菜心产量（鲜重与干重）。

（五）实验结果与分析

（1）利用无植物组实验数据，首先与对照比较，分析两种硝化抑制剂对土壤氮淋溶和氮损失抑制效果，再就是对比分析两种硝化抑制剂对所研究菜园土壤氮淋溶和氮损失的抑制效果。

（2）利用植物种植组数据，分析菜心种植对两种硝化抑制剂抑制作用发挥的影响，再就是硝化抑制剂使用对作物生长的影响。

（六）注意事项

（1）淋滤液收集要完全。

（2）采样后各指标尽快测定。

第十一章　有机污染土壤修复植物筛选及修复机理研究

研究表明，某些植物的生长可使土壤中有机污染物浓度下降甚至消除，从而开始尝试使用植物修复有机污染土壤的研究。有机污染物植物修复效率受多种因素的影响，其中如何寻找、筛选可以快速有效地修复有机污染土壤的植物是当前该领域的研究难点和前沿问题之一。每种植物有其自身的特性，不同植物之间修复效果往往有较大的差异，即使同一品种的草在不同土壤和不同污染条件下，对污染物的清除能力是不同的。而在同一植物的不同生长阶段，对污染物的吸收降解速率也是不同的。

（一）实验目的

（1）了解有机污染土壤植物修复原理。

（2）掌握有机污染土壤修复植物筛选的实验方法。

（3）进一步熟悉土壤、植物有机污染物含量分析方法。

（二）有机污染土壤植物修复机理

植物修复土壤有机污染的机理可以概括为：植物对有机污染物的直接吸收；根部释放分泌物和酶促进有机污染物降解；植物强化根际微生物的降解作用。

植物从土壤中直接吸收有机污染物，是植物去除土壤和水体中中等亲水性有机污染物的重要机制之一，植物吸收有机化合物后，或者将其分解，通过木质化作用使其成为植物体的组成部分，或者通过挥发、代谢或矿化作用使其变成 CO_2 和 H_2O 被释放，或者转化成为无毒性的中间代谢物如木质素，储存在细胞中，最终达到去除有机污染物的目的。

根系分泌物是指植物根系在活动过程中向外界环境分泌的各种有机化合物的总称。根系分泌物在广义上包括渗出物、分泌物、黏胶质以及裂解物质四种类型。一般情况下，根系向环境释放的有机碳量占植物固定总有机碳量的1%～40%，其中有4%～7%是通过分泌作用进入土壤环境中的。植物通过向根际分泌这些物质来刺激根际微生物群体发育，使根际环境成为微生物作用的活跃区域，这样就促进了有机污染物的根际微生物降解。根系分泌物可通过两种途径去除土壤有机污染物：酶系统的直接降解；通过增加土著微生物的数量、改善其活性促进微生物降解土壤有机污染物。来自植物分泌的土壤酶主要有脱卤酶、硝酸还原酶、过氧化氢酶、漆酶、氰水解酶等。由于根系的存在，土壤微生物的活动和生物量都会明显增加。微生物在根际和非根际土壤中的差别很大，一般会高出5～20倍，最高可达100倍，且植物根的年龄、类型及其他性质，都会影响根际微生物对特定有机物质的降解速率。

（三）实验仪器与材料

1. 实验器具

植物盆栽装置（底部带有排水孔的塑料花盆）、量筒、pH计。

土壤、植物中有机氯DDT的分析测定装置。

2. 实验药品与材料

土壤总氮、有机碳、DDT和植物DDT分析测定实验药品。

供试土壤：选取有机氯农药DDT含量超标的农田土壤（施肥后），风干，过筛。

5种供试植物种子：紫花苜蓿、白三叶、黄花苜蓿3种豆科植物和一年生黑麦草（冬青）、多年生黑麦草2种禾本科植物。

（四）实验内容与步骤

1. 盆栽实验

实验选在日间平均气温20℃以上的季节进行。

先将风干过筛后供试土壤装入栽培盆中，每盆400g左右，共18盆，挑选大小一致的种子均匀的播在盆中，每种播3盆，每盆播种25颗，有3盆不种植物作为空白对照，每个盆播种植物做好编号记录，然后各盆加去离子水使土壤含水量达到田间最大持水量的60%，然后放置到日光温室中培养，每天加去离子水补充水分蒸发。盆栽培养周期为60d。

2. 项目测定与数据分析

（1）在培养的第7天计数出苗数并计算出苗率，第60天数存活苗和存活率。

（2）60d后进行收获，每盆植物收获后称取总量，并且地上和地下部分分开。

（3）每盆土壤、植物地上、地下部分分别取样，测定其中DDT含量，每种植物3个样品结果取平均值。

（4）每盆土壤另外取样分析微生物数量和过氧化氢酶活性。

（五）实验结果与分析

（1）植物对土壤DDT耐受率，利用出苗率和存活率比较5种植物对DDT土壤的耐受率。

（2）土壤中DDT的去除率，以无植物组土壤DDT实验数据为对照，比较分析各植物盆栽土壤中DDT去除量，按去除率对植物品种进行排序。

（3）植物对DDT的吸收积累率。比较各种植物体地上和地下部分的DDT含量，与土壤中浓度比较计算积累率。

（4）土壤微生物及酶特性分析，以无植物组土壤微生物总量和酶活性实验数据为对照，比较各植物盆栽系统中微生物总量和酶活性变化。

（5）土壤DDT植物修复机理探讨，结合（2）～（4）的数据分析结果，讨论分析本研究中土壤DDT的去除机理。

（六）注意事项

（1）植物收获时要注意地下部分收集完全，可将地上部分先收割，然后将栽培盆土壤倾倒出，从中筛出植物根。

（2）各盆栽土壤取样时，尽量将其混匀然后按四分法取样。

附　　录

附录 1　土壤质量词汇（GB/T 18834—2002）

本附录列出的是土壤保护和土壤污染范畴的名词术语。

（1）环境土壤学 environmental soil science

环境地学的一个分支。是环境学和土壤学的边缘学科。主要研究土壤环境与人类活动和大气、地表水、地下水、生物等环境要素间物质、能量、信息的交换过程，以及这种交换对人体健康、社会经济、生态系统结构和功能的影响；探索国土整治、评价、区划、规划、预测、调控和改善土壤环境质量的方法。

（2）土壤 soil

由矿物质、有机质、水、空气及生物有机体组成的地球陆地表面上能生长植物的疏松层。

（3）土壤功能 soil function

指土壤对人类和对环境的作用。重要的土壤功能包括：

① 是生态体系的一部分，作为调节物质循环和能量循环的载体；

② 支持植物、动物和人类生活；

③ 接收沉积物质和保存孔隙水；

④ 作为基因的储存库；

⑤ 聚积大气和水污染物；

⑥ 堆放人类活动产生的物质，如城市生活垃圾、工业固体废物及疏浚物等。

（4）分配系数 distribution coefficient · partition coefficient

一种物质在两种介质中浓度的比值。

① 土壤水分配系数 soil-water partition coefficient

一种物质在土壤固相和水相中浓度的比值。

② 土壤有机质-水分配系数 soil organic matter-water partition coefficient

一种物质在土壤有机质和土壤水中浓度的比值。

注：土壤有机质-水分配系数的数值与土壤有机碳含量有关（用 KOC 符号表示），也与土壤性质有关。

③ 土壤-植物分配系数 soil-plant partition coefficient

一种物质在土壤中的浓度与其在植物中浓度的比值。

④ 生物富集系数 bio-concentration factor

生物体内某种元素或难分解的化合物的浓度与其在所生存的环境中该物质浓度的比值，以表示生物富集的程度。

(5) 过滤性 filter characteristic

土壤保留、结合或通过固、液、气态物质的能力。

(6) 吸附性 absorption

指土壤吸附气体、液体和解析于液体中物质的能力。

注：是土壤保蓄养分和具有缓冲性的基础；并能影响土壤的酸碱性、养分的有效性、土壤的结构以及土壤中生物的活性；在一定程度上还能反映成土过程和土壤容量的特点。

(7) 持久性 persistence

物质抵抗生物、物理特别是化学变化的能力。

注：物质的持久性通常与所处的环境条件有关。在清楚界定的环境条件下，持久性可以用物质的半衰期表示。

(8) 分解作用 decomposition

复杂的有机质在物理、化学和（或）生物的作用下分解为简单分子或离子的过程。

(9) 矿化作用 mineralization

在土壤微生物作用下，土壤中有机态化合物转化为无机态化合物的过程。

(10) 腐殖化作用 humification

动植物残体在微生物的作用下转变为腐殖质的过程。

注：腐殖化作用广泛发生于土壤、水体底部的淤泥、堆肥、沤肥等环境，腐殖化作用有助于土壤肥力的保持和提高。

(11) 土壤熟化作用 anthropogenic mellowing of soil

通过耕作培肥和改良土壤等技术措施，提高肥力，改善植物生长条件的过程。

注：根据土壤水分状况的不同可分为旱耕熟化过程与水耕熟化过程。

(12) 生物降解 biodegradation

生物分解 biotic decomposition

物质在生物有机体作用下的分解过程。

(13) 非生物降解 abiotic biodegradation

非生物分解 abiotic decomposition

在土壤酸碱度、水、空气、热、光的综合作用下，有机态化合物通过物理和化学反应转变为无机态化合物的过程。

（14）初级降解 primary biodegradation

物质的分子结构初步改变，使该物质失去某些原有性质的过程。

（15）最终生物降解 ultimate biodegradation

天然和合成的有机物在微生物作用下，全部分解转化为无机物质的过程。

（16）侵蚀性土壤条件 aggressive soil condition

可对建筑物和建筑材料产生潜在危害的土壤状。

（17）限制性因素 limiting factor

对土壤功能发挥和（或）土壤利用起限制作用的因素。

（18）活动作用 mobilization

物质或土壤颗粒转化为可活动状态的过程。

（19）固定作用 immobilization

物质或土壤颗粒转化为（暂时的）非活动状态的过程。

（20）迁移 migration

物质在土壤环境介质中的转移过程。

（21）物质输入 substance input

物质从其他环境介质中进入土壤。

（22）累积作用 accumulation

由于物质的输入量大于输出量，造成土壤中某种物质浓度的增加。

（23）点源输入 point source input

物质从有确定范围的固定源输入。

注：点源包括烟囱、事故性泄漏点、垃圾场、工矿区废物堆放地、污水管道排放口或其他管线的泄漏处等。

（24）散源输入 diffused source input

非点源输入 non-point source input

物质从移动源、大面积源或多源区输入。

注：散源包括汽车、农用物质、城镇的排放物、洪水期河流的沉积物等。

（25）物质输出 substance output

物质从土壤中向另一环境介质的转移。

（26）淋滤作用 eluviation

淋溶作用 solvation

土壤中水或其他流体的移动造成其携带的物质由上部土层向下或侧向移动的过程。

（27）淋洗作用 leaching

土壤中可溶物质溶解并淋出土体的过程。

(28) 淋移作用 lessivage

土壤上层的微小土粒（黏粒、胶粒）在水中分散成悬浊液并向下运动的过程。

(29) 土壤质量 soil quality

有关土壤利用和功能的总和。

(30) 土壤质量评价 soil quality assessment

按一定的原则、方法和标准，对土壤质量（29）进行总体的定性和定量的评定。

(31) 土壤肥力 soil fertility

土壤为植物正常生长提供并协调营养物质和环境条件的能力。

(32) 土壤养分 soil nutrients

土壤中各种植物营养物质的统称。

(33) 土壤生产力 soil production

现存条件下土壤产出农作物的能力。

(34) 人为影响 anthropogenic influence

由人类活动引起的土壤性质的改变。

(35) 土壤损害 soil damage

因自然和（或）人为因素的影响，引起土壤一项或几项物理化学性质的改变和生态功能的退化，并对人类健康与环境产生危害作用。

(36) 敏感区域 sensitive site

在外部条件作用下，土壤的性质或功能易受影响的区域。

(37) 地质作用 geological function

改变地壳组成物质（岩石和矿物）结构和构造以及地貌形态的自然作用。

(38) 成土作用 soil-formation function

在不同的生物、气候、母质、地形、时间和人为活动因素下，土壤的形成过程。

(39) 土壤环境背景值 background value of soil environment

本底值 background value

土壤环境相对未受污染情况下土壤的基本化学组成。

(40) 临界负荷 critical load

土壤所能容纳一种或多种污染物而不致产生危害的极限量。

(41) 临界浓度 critical concentration

一种或多种污染物在土壤中不致产生生态危害的最大允许浓度。

(42) 土壤盐渍化 soil salinization

由于自然条件和人为因素影响，引起土壤表层盐分积聚的过程。

(43) 植物可利用性 plant available

植物有效性 plant effectiveness

植物对所在土壤中某物质的可利用性。

注：植物对物质的可利用性决定于土壤条件、物质性质和植物属性等因素。

(44) 土壤保护 soil protection

为恢复土壤原有性质和长期维持土壤功能而采取的一系列预防和治理措施。

(45) 限制值 restriction value

由权威机构推荐，某物质在环境中不造成危害的最高允许浓度。

(46) 土壤污染 soil pollution

人类活动或自然过程产生的有害物质进入土壤，致使某种有害成分的含量明显高于土壤原有含量，起土壤环境质量恶化的现象。

(47) 均一污染区 uniformly contaminated site

土壤中有害物质浓度较均一的区域。污染范围通常较大，区域内污染物的浓度梯度较小。

(48) 局部污染区 locally contaminated site

土壤中有害物质的高浓度区。污染范围通常较小，区域内污染物的浓度梯度较大。

(49) 风险评价 risk assessment

对污染区域的属性、范围、人类和环境产生有害影响的可能性、程度及潜在后果进行评价。

(50) 土壤恢复 soil restoration

改善被破坏或退化的土壤，以恢复原有功能的措施。

(51) 土壤修复 soil restoration

用各种措施修复已被污染或破坏的土壤。

(52) 土壤净化 soil remediation

在土壤自有属性作用下，将外界输入的有毒有害物质转变为无毒无害物质或营养物质，以保持土壤生态系统的平衡。

(53) 去除污染作用 decontamination

采取措施去除或部分去除土壤中的有害物质，以恢复土壤功能和重新利用土壤。

(54) 永久监测区 permanent monitoring areas

为得到土壤环境质量的可靠信息，按特定标准确定应予以长期进行监测研究的区域。

附录 2　土壤环境质量标准（GB 15618—1995）

附表 2-1　土壤环境质量标准值　　单位：mg/kg

级别	一级	二级			三级
土壤 pH 值	自然背景	<6.5	6.5～7.5	>7.5	>6.5
项目					
镉	≤0.2	≤0.3	≤0.6	≤1	
汞	≤0.15	≤0.3	≤0.5	≤1	≤1.5
砷水田	≤15	≤30	≤25	≤20	≤30
旱地	≤15	≤40	≤30	≤25	≤40
铜农田等	≤35	≤50	≤100	≤100	≤400
果园	—	≤150	≤200	≤200	≤400
铅	≤35	≤250	≤300	≤350	≤500
铬水田	≤90	250	≤300	≤350	≤400
旱地	≤90	≤150	≤200	≤250	≤300
锌	≤100	≤200	≤250	≤300	≤500
镍	≤40	≤40	≤50	≤60	≤200
六六六	≤0.05	≤0.5			≤1
滴滴涕	≤0.05	≤0.5			≤1

注：1. 重金属（铬主要是三价）和砷均按元素量计，适用于阳离子交换量>5cmol/kg 的土壤，若≤5cmol/kg，其标准值为表内数值。

2. 六六六为四种异构体总量，滴滴涕为四种衍生物总量。

3. 水旱轮作地的土壤环境质量标准，砷采用水田值，铬采用旱地值。

附录 3　温室蔬菜产地环境质量标准（HJ/T 333—2006）

附表 3-1　土壤环境质量评价指标限值　　单位：mg/kg

项目①	pH 值②		
	<6.5	6.5 ～ 7.5	>7.5
土壤环境质量基本控制项目			
总镉	≤0.30	≤0.30	≤0.40
总汞	≤0.25	≤0.30	≤0.35
总砷	≤30	≤25	≤20

续表

项目①	pH值②		
	<6.5	6.5 ～ 7.5	>7.5
总铅	≤50	≤50	≤50
总铬	≤150	≤200	≤250
六六六③	≤0.10		
滴滴涕③	≤1.10		
全盐量	≤2000		
土壤环境质量选择控制项目			
总铜	≤50	≤100	≤100
总锌	≤200	≤250	≤300
总镍	≤40	≤50	≤60

① 重金属和砷均按元素量计，适用于阳离子交换量>5cmol/kg的土壤，若≤5cmol/kg，其标准值为表内数值的一半。

② 若当地某些类型土壤pH值在6.0～7.5范围内，鉴于土壤对重金属的吸附率，在pH=6.0时接近pH=6.5，pH=6.5～7.5组可考虑在该地扩展为pH=6.5～7.5范围。

③ 六六六为四种异构体(α-666、β-666、γ-666、δ-666)总量，滴滴涕为四种衍生物总量(p,p'-DDE、o,p'-DDT、p,p'-DDD、p,p'-DDT)。

附录4 食用农产品产地环境质量标准（HJ/T 332—2006）

附表4-1 土壤环境质量评价指标限值① 单位：mg/kg

项目②	pH<6.5	pH③=6.5～7.5	pH>7.5
土壤环境质量基本控制项目			
总镉 水作、旱作、果树等	≤0.30	≤0.30	≤0.60
总镉 蔬菜	≤0.30	≤0.30	≤0.40
总汞 水作、旱作、果树等	≤0.30	≤0.50	≤1.0
总汞 蔬菜	≤0.25	≤0.30	≤0.35
总砷 旱作、果树等	≤40	≤30	≤25
总砷 水作、蔬菜	≤30	≤25	≤20
总铅 水作、旱作、果树等	≤80	≤80	≤80
总铅 蔬菜	≤50	≤50	≤50
总铬 旱作、蔬菜、果树等	≤150	≤200	≤250
总铬 水作	≤250	≤300	≤350

续表

项目②	pH 值＜6.5	pH 值③＝6.5～7.5	pH 值＞7.5
总铜 水作、旱作、蔬菜、柑橘等	≤50	≤100	≤100
果树	≤150	≤200	≤200
六六六④	≤0.10		
滴滴涕④	≤0.10		
土壤环境质量基本控制项目			
总锌	≤200	≤250	≤300
总镍	≤40	≤50	≤60
稀土总量（氧化稀土）	背景值⑤≤＋10	背景值⑤≤＋15	背景值⑤≤＋20
全盐量	≤238	≤1000	≤2000⑥

① 对实行水旱轮作、菜粮套种或果粮套种等种植方式的农地，执行较低标准值的一项作物的标准值。

② 重金属（铬主要是三价）和砷均按元素量计，适用于阳离子交换量＞5cmol/kg 的土壤，若≤5cmol/kg，其标准值为表内数值的 1/2。

③ 若当地某些类型土壤 pH 变化在 6.0～7.5 范围，鉴于土壤对重金属的吸附率，在 pH＝6.0 时接近 pH＝6.5，pH＝6.5～7.5 组可考虑在该地拓展为 pH＝6.0～7.5 范围。

④ 六六六为四种异构体总量，滴滴涕为四种衍生物总量。

⑤ 背景值：采用与当地土壤母质相同、土壤类型和性质相似的土壤背景值。

⑥ 适用于半漠境及漠境区。

附录 5 展览会用地环境质量标准（暂行）（HJ/T 350—2007）

附表 5-1 土壤环境质量评价标准限值 单位：mg/kg

序号	项目 \ 级别	A 级	B 级
无机污染物			
1	锑	12	82
2	砷	20	80
3	铍	16	410
4	镉	1	22
5	铬	190	610
6	铜	63	600
7	铅	140	600
8	镍	50	2400

续表

序号	项目 \ 级别	A级	B级
9	硒	39	1000
10	银	39	1000
11	铊	2	14
12	锌	200	1500
13	汞	1.5	50
14	总氰化物	0.9	8
挥发性有机物			
15	1,1-二氯乙烯	0.1	8
16	二氯甲烷	2	210
17	1,2-二氯乙烯	0.2	1000
18	1,1-二氯乙烷	3	1000
19	氯仿	2	28
20	1,2-二氯乙烷	0.8	24
21	1,1,1-三氯乙烷	3	1000
22	四氯化碳	0.2	4
23	苯	0.2	13
24	1,2-二氯丙烷	6.4	43
25	三氯乙烯	12	54
26	溴二氯甲烷	10	92
27	1,1,2-三氯乙烷	2	100
28	甲苯	26	520
29	二溴氯甲烷	7.6	68
30	四氯乙烯	4	6
31	1,1,1,2-四氯乙烷	95	310
32	氯苯	6	680
33	乙苯	10	230
34	二甲苯	5	160
35	溴仿	81	370

续表

序号	级别 项目	A 级	B 级
36	苯乙烯	20	97
37	1,1,2,2-四氯乙烷	3.2	29
38	1,2,3-三氯丙烷	1.5	29
半挥发性有机物			
39	1,3,5-三甲苯	19	180
40	1,2,4-三甲苯	22	210
41	1,3-二氯苯	68	240
42	1,4-二氯苯	27	240
43	1,2 二氯苯	150	370
44	1,2,4-三氯苯	68	1200
45	萘	54	530
46	六氯丁二烯	1	21
47	苯胺	5.8	56
48	2-氯酚	39	1000
49	双(2-氯异丙基)醚	2300	10000
50	*N*-亚硝基二正丙胺	0.33	0.66
51	六氯乙烷	6	100
52	4-甲基酚	39	1000
53	硝基苯	3.9	100
54	2-硝基酚	63	1600
55	2,4-二甲基酚	160	4100
56	2,4-二氯酚	23	610
57	*N*-亚硝基二苯胺	130	600
58	六氯苯	0.66	2
59	联苯胺	0.1	0.9
60	菲	2300	61000
61	蒽	2300	10000
62	咔唑	32	290
63	二正丁基酞酸酯	100	100

续表

序号	级别 项目	A级	B级
64	荧蒽	310	8200
65	芘	230	6100
66	苯并[*a*]蒽	0.9	4
67	3,3-二氯联苯胺	1.4	6
68	䓛	9	40
69	双(2-乙基己基) 酞酸酯	46	210
70	4-氯苯胺	31	820
71	六氯丁二烯	1	21
72	2-甲基萘	160	4100
73	2,4,6-三氯酚	62	270
74	2,4,5-三氯酚	58	520
75	2,4-二硝基甲苯	1	4
76	2-氯萘	630	16000
77	2,4-二硝基酚	16	410
78	芴	210	8200
79	4,6-二硝基-2-甲酚	0.8	20
80	苯并[*b*]荧蒽	0.9	4
81	苯并[*k*]荧蒽	0.9	4
82	苯并[*a*]芘	0.3	0.66
83	茚并[1,2,3-*c*,*d*]芘	0.9	4
84	二苯并[*a*,*h*]蒽	0.33	0.66
85	苯并[*g*,*h*,*i*]芘	230	3100
农药/多氯联苯及其他			
86	总石油烃	1000	—
87	多氯联苯	0.2	1
88	六六六	1	—
89	滴滴涕	1	—
90	艾氏剂	0.04	0.17
91	狄氏剂	0.04	0.18
92	异狄氏剂	2.3	61

附表6 农田灌溉水质标准（GB 5084—2005）

附表6-1 农田灌溉用水水质基本控制项目标准值

序号	项目类别		水作	旱作	蔬菜
1	生化需氧量(BOD_5)/(mg/L)	≤	60	100	40①、15②
2	化学需氧量(COD_{Cr})/(mg/L)	≤	150	200	100①、60②
3	悬浮物/(mg/L)	≤	80	100	60①、15②
4	阴离子表面活性剂(LAS)/(mg/L)	≤	5.0	8.0	5.0
5	水温/℃	≤	35		
6	pH值	≤	5.5～8.5		
7	全盐量/(mg/L)	≤	1000③(非盐碱土地区)2000③(盐碱土地区)有条件的地区可以适当放宽		
8	氯化物/(mg/L)	≤	350		
9	硫化物/(mg/L)	≤	1.0		
10	汞/(mg/L)	≤	0.001		
11	镉/(mg/L)	≤	0.01		
12	总砷/(mg/L)	≤	0.05	0.1	0.05
13	铬(六价)/(mg/L)	≤	0.1		
14	总铅/(mg/L)	≤	0.2		
15	粪大肠菌群数/(个/100mL)	≤	4000	4000	2000①、1000②
16	蛔虫卵数/(个/L)	≤	2		2①、1②

①加工烹调去皮蔬菜。

② 生食类蔬菜、瓜果及草本水果。

③ 具有一定的水利灌溉设施，能保证一定的排水和地下径流条件的地区，或有一定的淡水资源能满足冲洗土体中盐分的地区，农田灌溉水全盐量指标可适当放宽。

附表6-2 农田灌溉用水水质选择性控制项目标准值

序号	项目类别		水作	旱作	蔬菜
1	铜/(mg/L)	≤	0.5	1	
2	锌/(mg/L)	≤	2		
3	硒/(mg/L)	≤	0.02		
4	氟化物/(mg/L)	≤	2(一般地区)、3(高氟地区)		
5	氰化物/(mg/L)	≤	0.5		

续表

序号	项目类别		水作	旱作	蔬菜
6	石油类/(mg/L)	≤	5	10	1
7	挥发酚/(mg/L)	≤	1		
8	苯/(mg/L)	≤	2.5		
9	三氯甲醛/(mg/L)	≤	1.0	0.5	0.5
10	丙烯醛/(mg/L)	≤	0.5		
11	硼/(mg/L)	≤	1①(对硼敏感作物)、2②(对硼耐受性较强的作用)、3③(对硼耐受性较强的作物)		

① 对硼敏感作物,如黄瓜、豆类、马铃薯、笋瓜、韭菜、洋葱等。

② 对硼耐受性较强的作物,如小麦、玉米、青椒、小白菜等。

③ 对硼耐受性较强的作物,水稻、萝卜、油菜、甘蓝等。

附录7 渔业水质标准(GB 11607—1989)

附表7-1 渔业水质标准 单位:mg/L

项目序号	项目	标准值
1	色、臭、味	不得使鱼、虾、贝、藻类带有异色、异臭、异味
2	漂浮物质	水面不得出现明显油膜或浮沫
3	悬浮物质	人为增加的量不得超过10,而且悬浮物质沉积于底部后,不得对鱼、虾、贝类产生有害的影响
4	pH值	淡水6.5~8.5,海水7.0~8.5
5	溶解氧	连续24h中,16h以上必须大于5,其余任何时候不得低于3
6	生化需氧量(五天、20℃)	对于鲑科鱼类栖息水域冰封期其余任何时候不得低于4不超过5,冰封期不超过3
7	总大肠菌群	不超过5000个/L(贝类养殖水质不超过500个/L)
8	汞	≤0.0005
9	镉	≤0.005
10	铅	≤0.05
11	铬	≤0.1
12	铜	≤0.01
13	锌	≤0.1
14	镍	≤0.05
15	砷	≤0.05

续表

项目序号	项　目	标 准 值
16	氰化物	≤0.005
17	硫化物	≤0.2
18	氟化物(以 F^- 计)	≤1
19	非离子氨	≤0.02
20	凯氏氮	≤0.05
21	挥发性酚	≤0.005
22	黄磷	≤0.001
23	石油类	≤0.05
24	丙烯腈	≤0.5
25	丙烯醛	≤0.02
26	六六六(丙体)	≤0.002
27	滴滴涕	≤0.001
28	马拉硫磷	≤0.005
29	五氯酚钠	≤0.01
30	乐果	≤0.1
31	甲胺磷	≤1
32	甲基对硫磷	≤0.0005
33	呋喃丹	≤0.01

附录8　食品安全国家标准：食品中农药最大残留限量（GB 2763—2014）

以下是部分广谱农药在常见食品中最大残留限量。

（1）毒死蜱（chlorpyrifos）

表 8-1

食品类别/名称	最大残留限量/(mg/kg)
谷物	
稻谷	0.5
小麦	0.5
玉米	0.05
油料及制品	
大豆	0.1
花生仁	0.2
棉籽	0.3

续表

食品类别/名称	最大残留限量/(mg/kg)
棉籽油	0.05
蔬菜	
韭菜	0.1
花椰菜	1
结球甘蓝	1
大白菜	0.1
菠菜	0.1
普通白菜	0.1
莴苣	0.1
芹菜	0.05
芦笋	0.05
朝鲜蓟	0.05
黄瓜	0.1
番茄	0.5
萝卜	1
胡萝卜	1
根芹菜	1
芋	1
水果	
苹果	1
梨	1
柑橘	1
橙	2
柚	2
柠檬	2
荔枝	1
龙眼	1
糖料	
甜菜	1
甘蔗	0.05

（2）敌敌畏（dichlorvos）

表 8-2

食品类别/名称	最大残留限量/(mg/kg)
谷物	
糙米	0.2
玉米	0.2
稻谷	0.1
麦类	0.1

续表

食品类别/名称	最大残留限量/(mg/kg)
旱粮类	0.1
杂粮类	0.1
油料	
大豆	0.1
蔬菜	
结球甘蓝	0.5
大白菜	0.5
萝卜	0.5
鳞茎类蔬菜	0.2
芸苔属类蔬菜(结球甘蓝除外)	0.2
叶菜类蔬菜(大白菜除外)	0.2
茄果类蔬菜	0.2
瓜类蔬菜	0.2
豆类蔬菜	0.2
茎类蔬菜	0.2
根茎类和薯芋类蔬菜(萝卜除外)	0.2
水生类蔬菜	0.2
芽菜类蔬菜	0.2
其他多年生蔬菜	0.2
水果	
桃	0.1
仁果类水果	0.2
柑橘类水果	0.2
核果类水果(桃除外)	0.2
浆果和其他小型水果	0.2
热带和亚热带水果	0.2
瓜果类水果	0.2

(3) 吡虫啉 (imidacloprid)

表 8-3

食品类别/名称	最大残留限量/(mg/kg)
谷物	
糙米	0.05
小麦	0.05
玉米	0.05
鲜食玉米	0.05
油料	
棉籽	0.5
蔬菜	
番茄	1

续表

食品类别/名称	最大残留限量/(mg/kg)
节瓜	0.5
萝卜	0.5
结球甘蓝	1
大白菜	0.2
水果	
柑橘	1
苹果	0.5
糖料	
甘蔗	0.2
饮料类	
茶叶	0.5

(4) 氧乐果 (omethoate)

表 8-4

食品类别/名称	最大残留限量/(mg/kg)
谷物	
小麦	0.02
油料	
大豆	0.05
棉籽	0.02
蔬菜	
鳞茎类蔬菜	0.02
芸苔属类蔬菜	0.02
叶菜类蔬菜	0.02
茄果类蔬菜	0.02
瓜类蔬菜	0.02
豆类蔬菜	0.02
茎类蔬菜	0.02
根茎类和薯芋类蔬菜	0.02
水生类蔬菜	0.02
芽菜类蔬菜	0.02
其他多年生蔬菜	0.02
水果	
仁果类水果	0.02
柑橘类水果	0.02
核果类水果	0.02
浆果和其他小型水果	0.02
热带和亚热带水果	0.02
瓜果类水果	0.02

(5) 噻嗪酮(buprofezin)

表 8-5

食品类别/名称	最大残留限量/(mg/kg)
谷物	
糙米	0.3
稻谷	0.3
蔬菜	
番茄	2
水果	
柑橘	0.5
橙	0.5
柚	0.5
柠檬	0.5
饮料类	
茶叶	10

(6) 三唑磷(triazophos)

表 8-6

食品类别/名称	最大残留限量/(mg/kg)
谷物	
稻谷	0.05
油料	
棉籽	0.1
蔬菜	
结球甘蓝	0.1
节瓜	0.1
水果	
苹果	0.2
柑橘	0.2
荔枝	0.2

(7) 乙酰甲胺磷(acephate)

表 8-7

食品类别/名称	最大残留限量/(mg/kg)
谷物	
糙米	1
小麦	0.2
玉米	0.2
油料	
棉籽	2

续表

食品类别/名称	最大残留限量/(mg/kg)
蔬菜	
鳞茎类蔬菜	1
芸苔属类蔬菜	1
叶菜类蔬菜	1
茄果类蔬菜	1
瓜类蔬菜	1
豆类蔬菜	1
茎类蔬菜	1
根茎类和薯芋类蔬菜	1
水生类蔬菜	1
芽菜类蔬菜	1
其他多年生蔬菜	1
水果	
仁果类水果	0.5
柑橘类水果	0.5
核果类水果	0.5
浆果和其他小型水果	0.5
热带和亚热带水果	0.5
瓜果类水果	0.5
饮料类	
茶叶	0.1

（8）阿维菌素（abamectin）

表 8-8

食品类别/名称	最大残留限量/(mg/kg)
谷物	
糙米	0.02
油料	
棉籽	0.01
蔬菜	
结球甘蓝	0.05
普通白菜	0.05
大白菜	0.05
菠菜	0.05
芹菜	0.05
韭菜	0.05
黄瓜	0.02
豇豆	0.05
菜豆	0.1
萝卜	0.01

续表

食品类别/名称	最大残留限量/(mg/kg)
水果	
柑橘	0.02
苹果	0.02
梨	0.02

(9) 杀虫单 (thiosultap-monosodium)

表 8-9

食品类别/名称	最大残留限量/(mg/kg)
谷物	
糙米	0.5
蔬菜	
菜豆	2
结球甘蓝	0.2
水果	
苹果	1
糖料	
甘蔗	0.1

(10) 杀虫双 (bisultap thiosultap-disodium)

表 8-10

食品类别/名称	最大残留限量/(mg/kg)
谷物	
大米	0.2

(11) 多菌灵 (carbendazim)

表 8-11

食品类别/名称	最大残留限量/(mg/kg)
谷物	
大米	2
小麦	0.05
玉米	0.5
油料	
大豆	0.2
花生仁	0.1
油菜籽	0.1
蔬菜	
番茄	3

续表

食品类别/名称	最大残留限量/(mg/kg)
黄瓜	0.5
芦笋	0.1
辣椒	2
韭菜	2
水果	
苹果	3
梨	3
葡萄	3
桃	2
油桃	2
李子	0.5
杏	2
樱桃	0.5
枣	0.5
草莓	0.5
黑莓	0.5
醋栗	0.5
柑橘	5
橙	0.5
柚	0.5
柠檬	0.5
西瓜	0.5
无花果	0.5
橄榄	0.5
香蕉	0.1
菠萝	0.5
猕猴桃	0.5
荔枝	0.5
芒果	0.5
糖料	
甜菜	0.1
饮料类	
茶叶	5

（12）三环唑（tricyclazole）

表 8-12

食品类别/名称	最大残留限量/(mg/kg)
谷物	
稻谷	2
蔬菜	
菜薹	2

(13) 稻瘟灵 (isoprothiolane)

表 8-13

食品类别/名称	最大残留限量/(mg/kg)
谷物	
大米	1

(14) 甲基硫菌灵 (thiophanate-methyl)

表 8-14

食品类别/名称	最大残留限量/(mg/kg)
谷物	
糙米	1
小麦	0.5
蔬菜	
辣椒	2
甜椒	2
茄子	2
黄秋葵	2
番茄	3
芦笋	0.5
水果	
苹果	3
西瓜	2

(15) 乙草胺 (acetochlor)

表 8-15

食品类别/名称	最大残留限量/(mg/kg)
谷物	
糙米	0.05
玉米	0.05
油料	
大豆	0.1
油菜籽	0.2
花生仁	0.1

(16) 丁草胺 (butachlor)

表 8-16

食品类别/名称	最大残留限量/(mg/kg)
谷物	
大米	0.5
玉米	0.5

(17) 苄嘧磺隆 (bensulfuron-methyl)

表 8-17

食品类别/名称	最大残留限量/(mg/kg)
谷物	
大米	0.05
糙米	0.05
小麦	0.02

(18) 吡嘧磺隆 (pyrazosulfuron-ethyl)

表 8-18

食品类别/名称	最大残留限量/(mg/kg)
谷物	
糙米	0.1

(19) 倍硫磷 (fenthion)

表 8-19

食品类别/名称	最大残留限量/(mg/kg)
谷物	
稻谷	0.05
小麦	0.05
油料制品	
食用植物油	0.01
蔬菜	
鳞茎类蔬菜	0.05
芸苔属类蔬菜	0.05
叶菜类蔬菜	0.05
茄果类蔬菜	0.05
瓜类蔬菜	0.05
豆类蔬菜	0.05
茎类蔬菜	0.05
根茎类和薯芋类蔬菜	0.05
水生类蔬菜	0.05
芽菜类蔬菜	0.05
其他多年生蔬菜	0.05
水果	
仁果类水果	0.05
柑橘类水果	0.05
核果类水果	0.05
浆果和其他小型水果	0.05
热带和亚热带水果	0.05
瓜果类水果	0.05

（20）敌百虫（trichlorfon）

表 8-20

食品类别/名称	最大残留限量/(mg/kg)
谷物	
糙米	0.1
稻谷	0.1
小麦	0.1
油料	
棉籽	0.1
蔬菜	
结球甘蓝	0.1
普通白菜	0.1
鳞茎类蔬菜	0.2
芸苔属类蔬菜(结球甘蓝除外)	0.2
叶菜类蔬菜(普通白菜除外)	0.2
茄果类蔬菜	0.2
瓜类蔬菜	0.2
豆类蔬菜	0.2
茎类蔬菜	0.2
萝卜	0.5
根茎类和薯芋类蔬菜(萝卜除外)	0.2
水生类蔬菜	0.2
芽菜类蔬菜	0.2
其他多年生蔬菜	0.2
水果	
仁果类水果	0.2
柑橘类水果	0.2
核果类水果	0.2
浆果和其他小型水果	0.2
热带和亚热带水果	0.2
瓜果类水果	0.2

参考文献

[1] 鲁如坤．土壤农业化学分析方法．北京：中国农业科技出版社，2000.

[2] 朱鲁生．环境科学综合实验．北京：中国农业科技出版社，2010.

[3] 杨金水．资源与环境微生物学实验教程．北京：科学出版社，2014.

[4] 王国惠．环境工程微生物学实验．北京：化学工业出版社，2012.

[5] 林先贵．土壤微生物研究原理与方法．北京：高等教育出版社，2010.

[6] 土壤环境监测技术规范，中华人民共和国环境保护行业标准，HJ/T 166—2004.

[7] 土壤中六六六和滴滴涕的测定　气相色谱法．GB/T 14550—2003.

[8] 土壤和沉积物　挥发性有机物的测定　顶空/气相色谱-质谱法．HJ/T 642—2013.

[9] 森林土壤阳离子交换量的测定．LY/T 1243—1999.

[10] 土壤　氨氮、亚硝酸盐氮、硝酸盐氮的测定　氯化钾溶液提取-分光光度法．HJ 634—2012.

[11] 胡慧蓉，马焕成，罗承德，胡庭兴．森林土壤有机碳分组及其测定方法．土壤通报，2010，41(4)：1018-1023.

[12] 陈树兵．蔬菜和大米中农药多残留分析方法研究及有机氯农药残留水平分析．南京农业大学硕士论文，2005，6.

[13] 食品安全国家标准　食品中镉的测定．GB 5009.15—2014.

[14] 蔬菜 NY/T 448—2001 有机磷和氨基甲酸酯类农药残毒快速检测方法．

[15] 植物性食品中有机氯和拟除虫菊酯类农药多种残留量的测定．GB/T 5009.146—2008.

[16] 农田灌溉水质标准．GB 5084—2005.

[17] 农用水源环境质量监测技术规范．NY/T 396—2000.

[18] 水质采样　样品的保存和管理技术规定．HJ 493—2009.

[19] 地表水环境质量标准．GB 3838—2002.

[20] 水质　悬浮物的测定　重量法．GB 11901—1989.

[21] 水质　pH 值的测定　玻璃电极法．GB/T 6920—1986.

[22] 水质　氨氮的测定　纳氏试剂分光光度法．HJ 535—2009.

[23] 水质　硝酸盐氮的测定　紫外分光光度法（试行）．HJ/T 346—2007.

[24] 水质　亚硝酸盐氮的测定　分光光度法．GB 7493—1987.

[25] 水质　总磷的测定　钼酸铵分光光度法．GB 11893—1989.

[26] 水质　总氮的测定　碱性过硫酸钾紫外分光光度法．HJ 636—2012.

[27] 水质　铜、锌、铅、镉的测定　原子吸收分光光度法．GB 7475—1987.

[28] 水质　总汞的测定　冷原子吸收分光光度法．HJ 597—2011.

[29] 水质　总砷的测定　二乙基二硫代氨基甲酸银分光光度法．GB/T 7485—1987.

[30] 食品安全国家标准　食品中污染物的限量．GB 2762—2012.

[31] 食品中亚硝酸盐与硝酸盐的测定．GB 5009.33—2010.

[32] 徐晓炎．土壤中镉的吸附解吸特性及其对水稻吸收镉的影响．南京农业大学硕士论文，2005，6.

[33] 吕笑飞．PAHs 污染土壤修复植物的筛选及其根际微生态特征研究．浙江大学硕士论文，2010，01.

[34] 张国明．农田土壤温室气体排放通量与区域模拟研究．山西农业大学硕士论文，2003，07.

[35] 刘卓．生物过滤法处理城市生活垃圾好氧堆肥产生含氨臭气的研究．大连理工大学硕士论文，2010，06.

[36] 鲍士旦．土壤农化分析．第三版．北京：中国农业出版社，2008.
[37] 王建龙．现代环境生物技术．北京：清华大学出版社，2008.
[38] 吴士筠．酶工程技术．武汉：华中师范大学出版社，2009.
[39] 吴金水．土壤微生物生物量测定方法及其应用．北京：气象出版社，2006.
[40] 李振高．土壤与环境微生物研究法．北京：科学出版社，2008.
[41] 姚槐应．土壤微生物生态学及其实验技术．北京：科学出版社，2007.
[42] 林先贵．土壤微生物研究原理与方法．北京：高等教育出版社，2010.
[43] 《水和废水监测分析方法水》编委会．水和废水监测分析方法．第四版．北京：中国环境出版社，2002.